PETIT TRAITÉ

DE

L'Art de se soigner les Pieds

PETIT TRAITÉ

DE

L'Art de se soigner les Pieds

PAR

A. GIRARDOT

PÉDICURE-ORTHOPÉDISTE

Avec 1 planche et 58 figures

PARIS

A. MALOINE, ÉDITEUR

25-27, RUE DE L'ÉCOLE-DE-MÉDECINE, 25-27

——

1911

PETIT TRAITÉ

DE

L'ART DE SE SOIGNER LES PIEDS

Contenant l'exposé des différents cas de gêne occasionnée par les cors, les œils-de-perdrix, oignons, verrues, déviations des orteils, transpiration des pieds, engelures, ongles incarnés, etc.

Les remèdes préconisés soit par l'expérience, soit par la médecine scientifique.

Les moyens de se soulager soi-même sûrement, chaque fois que l'on voudra s'en donner la peine, ou d'instruire, à cet effet, quelqu'un de son entourage.

Éléments d'orthopédie.

Toilette des pieds, des ongles.

PAR

A. GIRARDOT

PÉDICURE-ORTHOPÉDISTE

A. MALOINE, ÉDITEUR

25-27, Rue de l'École-de-Médecine, 25-27

PARIS

PRÉFACE

Ce petit volume, par son objet et par la simplicité des explications qui y sont contenues, mérite l'attention d'une grande partie du public : celui qui marche.

Nous avons voulu surtout contribuer, dans la mesure du possible, à mettre à la portée de tout le monde des moyens simples de se soigner les pieds.

Nous nous sommes tenus de préférence aux procédés que nous connaissons bien et dont nous avons l'expérience, restant entièrement dans notre sphère de pédicure.

Pour que ce petit traité soit bien complet, nous avons ajouté l'index alphabétique, qui comble nettement une lacune.

Afin de bien faire comprendre nos explications, nous avons réuni, dans cet opuscule, un certain nombre de dessins photographiés d'après nature.

Si nous avons réussi, par ces quelq
pages, à intéresser nos lecteurs, nous
rons atteint le but que nous nous som
proposé.

A. GIRARDOT (O. ✠).

14, rue Castiglione, Paris.

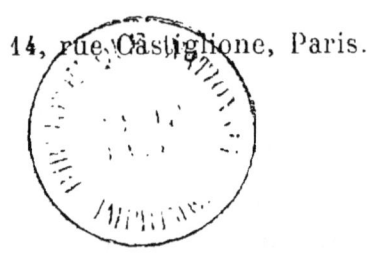

Anatomie et Physiologie du pied.

Avant de nous occuper des soins du pied, nous allons, aussi brièvement que possible, en faire l'anatomie, afin de connaître et de comprendre l'emploi des termes médicaux qui seront employés dans la brochure.

Squelette du pied.

Les os du pied sont divisés en trois régions distinctes qui sont :

Le tarse ;
Le métatarse ;
Les orteils.

Le tarse comprend sept os : le calca-

1

néum, qui forme le talon ; l'astragale, au-
dessus et en avant, s'articule en haut avec
les os de la jambe ; le scaphoïde, le cuboïde et les trois cunéiformes, dont l'ensemble forme le cou-de-pied.

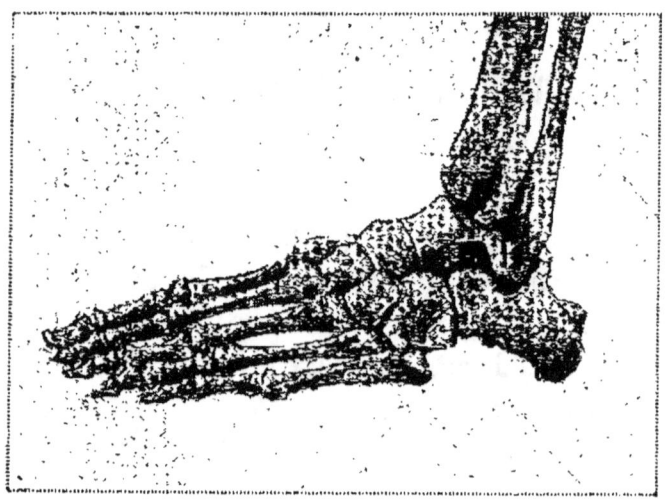

Fig. 1. — Squelette du pied.

Le métatarse comprend les cinq os
longs qui sont en avant du tarse ; ce sont
les premier, deuxième, troisième, quatrième et cinquième métatarsiens ; sous
le premier métatarsien, près de la phalange du gros orteil, se trouve le petit os
sésamoïde.

Les orteils, nom donné aux doigts des pieds, sont divisés, chaque orteil, en phalange, phalangine et phalangette.

Le gros orteil n'a que deux phalanges.

Articulations du pied.

Les principales articulations du pied sont :

L'articulation du cou-de-pied ou tibiotarsienne.

Les articulations métatarso-phalangiennes.

Les articulations phalangiennes.

Des muscles du pied.

Les muscles, au nombre de vingt, sont :

Le muscle pédieux pour la région dorsale du pied.

L'abducteur du gros orteil et le contrefléchisseur du gros orteil pour la région plantaire interne.

La région plantaire moyenne comprend le court-fléchisseur plantaire, l'accessoire du long fléchisseur des orteils, les quatre lombricaux, l'abducteur oblique du gros orteil, l'abducteur transverse du gros orteil, les trois intérosseux dorsaux.

La région plantaire externe comprend : l'abducteur du petit orteil et le court fléchisseur du petit orteil.

Aponévroses.

L'aponévrose est un tissu fibreux disposé en membranes blanches, formant une gaine à beaucoup de muscles.

Il existe dans le pied autant de gaines fibreuses que de groupes musculaires.

Il y en a deux principales : l'aponévrose dorsale et l'aponévrose plantaire.

Artères.

Les artères principales du pied sont, pour la région dorsale : la pédieuse. Pour la région plantaire : les artères plantaires.

Veines.

Les veines du pied sont superficielles ou profondes. Les veines superficielles naissent des orteils et se jettent dans les

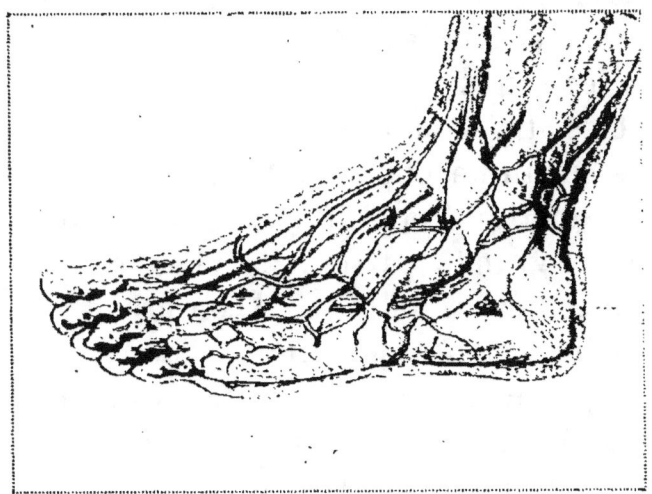

Fig. 2. — Pied anatomique.

veines dorsales ; il y a aussi en dedans du pied, la grande veine interne du pied, et en dehors la veine externe du pied, qui sont les origines de la veine saphène interne et de la veine saphène externe.

Les veines superficielles de la plante du

1.

pied sont atrophiées, par suite des com-
pressions fréquentes auxquelles elles sont
exposées dans la marche.

Nerfs.

Les nerfs du pied proviennent des bran-
ches de terminaison du grand nerf sciatique ; ce sont :

Le sciatique poplité externe ;

Le sciatique poplité interne.

Le sciatique poplité externe se distribue en grande partie à la peau et aux
muscles du dos du pied ; il comprend : la
branche cutanée péronière, l'accessoire
du saphène externe, le musculo cutané,
le tibial antérieur et les collatéraux dorsaux internes et externes des orteils.

Le sciatique poplité interne se distribue
à la peau et aux muscles de la plante du
pied, sous le nom de tibial postérieur,
il fournit un rameau cutané calcanéen qui
se distribue dans la peau du talon, près
du tendon d'Achille ; il y a également le
nerf plantaire interne qui forme le nerf
collatéral plantaire interne du gros orteil,

et certains collatéraux plantaires des orteils.

Et enfin le nerf plantaire externe qui fournit les nerfs collatéraux plantaires internes et externes des orteils.

Le pied.
(Conformation extérieure).

Le pied est la partie terminale du membre inférieur; il est construit de façon à réunir à la fois force et souplesse.

Sa partie supérieure, appelée dos, forme avec le bas de la jambe un plan incliné qu'on nomme cou-de-pied.

La partie inférieure du pied a reçu le nom de plante, elle fournit la voûte qui présente les trois piliers du pied, dont l'un, postérieur, correspond au talon, et deux antérieurs, répondant aux têtes du premier et du cinquième métatarsien, qui s'articulent, l'un avec le gros orteil et l'autre au petit orteil.

La région interne, du côté du gros orteil, comprend le bord interne avec, au-dessus, la malléole interne « cheville », qui est l'extrémité inférieure du tibia.

La région externe, du côté du petit orteil, qui comprend le bord externe et au-dessus la malléole externe qui est l'extrémité du péroné.

En arrière se trouve la saillie très prononcée du tendon d'Achille ainsi que l'os du talon.

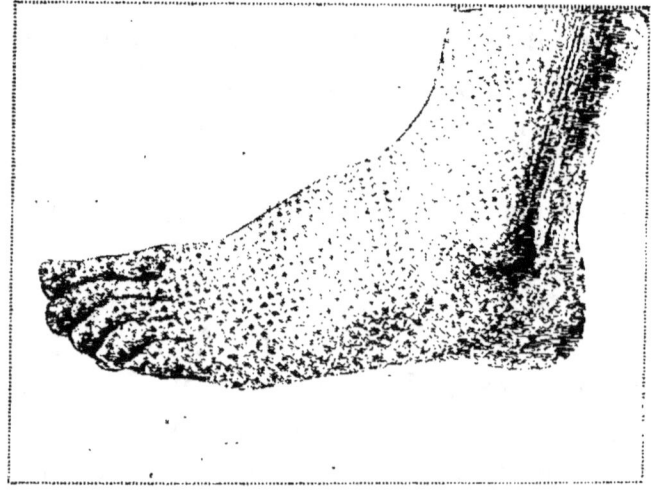

Fig. 3. — Pied naturel (dessiné).

La beauté naturelle du pied, dans sa forme la plus exquise, se trouve difficilement parmi les pieds confiés aux chaussures ; aussi à notre avis, ce n'est qu'en admirant les jolis petits pieds de charmants bébés que l'on peut trouver le pied d'une forme absolument parfaite.

Les pieds longs et lourds, aplatis dans leur étendue, sont l'apanage des peuples du Nord.

Les pieds d'une cambrure plus élégante, désignent plutôt les peuples Latins.

Les Orientaux, grâce à leurs chaussures légères, ont conservé le développement naturel de leurs pieds, aussi, ceux-ci sont-ils potelés, gras et épais.

Quant aux femmes chinoises et japonaises, les pratiques de mutilation employées pour les faire paraître plus petits, ont réussi à les rendre impropres à leur fonction, ne leur laissant, ainsi, du pied que le nom.

La peau du pied, comme celle de toute la surface du corps, s'appelle : épiderme, et l'ensemble du tissu, immédiatement au-dessous, s'appelle le derme.

L'épiderme varie d'épaisseur et de souplesse suivant sa situation et ses fonctions ; ainsi nous remarquons qu'elle est fine sur le dos du pied, plus fine et plus

souple sur les côtés, et transparente, très
fine, très souple et très sensible sur les
malléoles (chevilles) ; elle est mince et peu
sensible dans la voûte du bord interne ;
dans tous les points qui portent sur le
sol elle se recouvre d'une couche très
épaisse qui, au talon, comprend parfois
deux centimètres d'épaisseur, et, malgré
cette épaisseur, conserve une grande
sensibilité.

La peau de la face dorsale des orteils
est fine, souple et mobile, et, comme nous
le verrons par la suite, s'épaissit fréquemment au niveau des articulations.

Il y a donc dans le pied, comme nous
venons de le voir, des muscles, des organes fibreux et tendineux, des artères, des
veines et aussi des nerfs ; tous ces organes
se divisent en filets et rameaux qui viennent prendre fin contre nos orteils ; c'est
cette grande quantité d'organes fins, en-
chevêtrés, qui sont cause de gêne, et quelquefois, même, de douleurs, et aussi, par
suite de blessure, la conséquence des acci-

dents graves de tétanos dont nous avons tous entendu parler.

Ce serait dépasser notre programme que d'entrer ici dans de plus longs détails qui seraient sans intérêt pour le lecteur.

Nous le renvoyons aux ouvrages spéciaux qui pourront le renseigner, s'il le désire, sur la cause et la nature de ces accidents.

Bornons-nous à dire que pour les éviter il faut une grande prudence dans la manière de se soigner.

Du cor.

On entend par cor, appelé aussi scientifiquement Tyloma, l'épaississement circonscrit de l'épiderme formant une sorte de petite tumeur indurée avec une ou plusieurs pointes dans le derme.

Les cors sont toujours situés sur les orteils.

On désigne par : durillon-cor, toutes les indurations placées sous la plante du pied, ayant une pointe au milieu.

Les durillons cors sont presque toujours placés sur les deux piliers antérieurs de la plante du pied, l'un à la base du gros orteil, et l'autre, du petit orteil.

Le durillon est également l'épaississement de l'épiderme, mais sans pointe ; il se forme principalement à la plante des pieds, au talon, et partout où il y a frottement et compression, soit par les chaussures, soit par des appareils orthopédiques.

Parfois sous la plante des pieds, près de la ligne des orteils, dans l'épaisseur des tissus, nous avons rencontré des durillons mous qui sont assez douloureux. On ne peut les trouver qu'en pinçant l'épiderme, et ils sont en général, très difficiles à enlever.

(Tout ce que nous dirons pour le cor s'appliquant aux durillons, nous n'en parlerons pas spécialement.)

Causes habituelles.

Les personnes dont la peau est fine et délicate sont prédisposées aux cors et chez elles l'affection est plus douloureuse.

Par les temps humides, la douleur se fait sentir plus forte que par les temps secs ; la chaleur, de même, rend les cors plus sensibles que le froid.

Les cors sont produits par la compression et le frottement des chaussures trop étroites ou trop larges, ou encore par la présence des plis ou coutures des doublures de chaussures et même de plis formés par les bas ou chaussettes.

A son début, le cor occasionne plutôt une gêne que de véritables douleurs; mais, à mesure qu'il grossit, il devient plus mauvais, et si l'on n'intervient pas de bonne heure, il devient insupportable.

Il croît lentement et graduellement chez beaucoup de personnes; il met une quinzaine de jours pour se développer chez les uns, et chez d'autres il ne se fait sentir qu'au bout de deux mois.

Les souffrances éprouvées sont bien loin d'être toujours proportionnées au volume du cor, et souvent, les petits sont les plus douloureux.

Nous ne saurions trop recommander aux mères de famille de surveiller elles-mêmes les pieds de leurs enfants, dès l'époque où ils commencent à porter des chaussures en cuir, car souvent on remarque sur des pieds très jeunes de légères boursouflures placées sur les orteils aux endroits où ceux-ci offrent des parties saillantes.

Ces boursouflures sont les précurseurs des cors, elles occasionnent quelquefois une petite ampoule qui se dessèche bientôt, mais en laissant une petite saillie molle au toucher; d'autres fois, sans changer d'aspect, elles s'installent à demeure, jusqu'au jour où un frottement, une pression quelconque vient les changer en cors.

C'est toujours en supprimant la chaussure incriminée, dès que l'on s'en aperçoit, que l'on peut non seulement empêcher la formation du cor, mais aussi effacer la boursouflure.

De la forme du cor.

Jusqu'à présent, la forme du cor a été décrite ainsi : Le cor est une induration de l'épiderme *au centre* de laquelle on trouve toujours *une pointe* en forme de cône.

Notre longue expérience nous a appris qu'on ne rencontre jamais deux cors exactement semblables. (Voir fig. 4 et 5.)

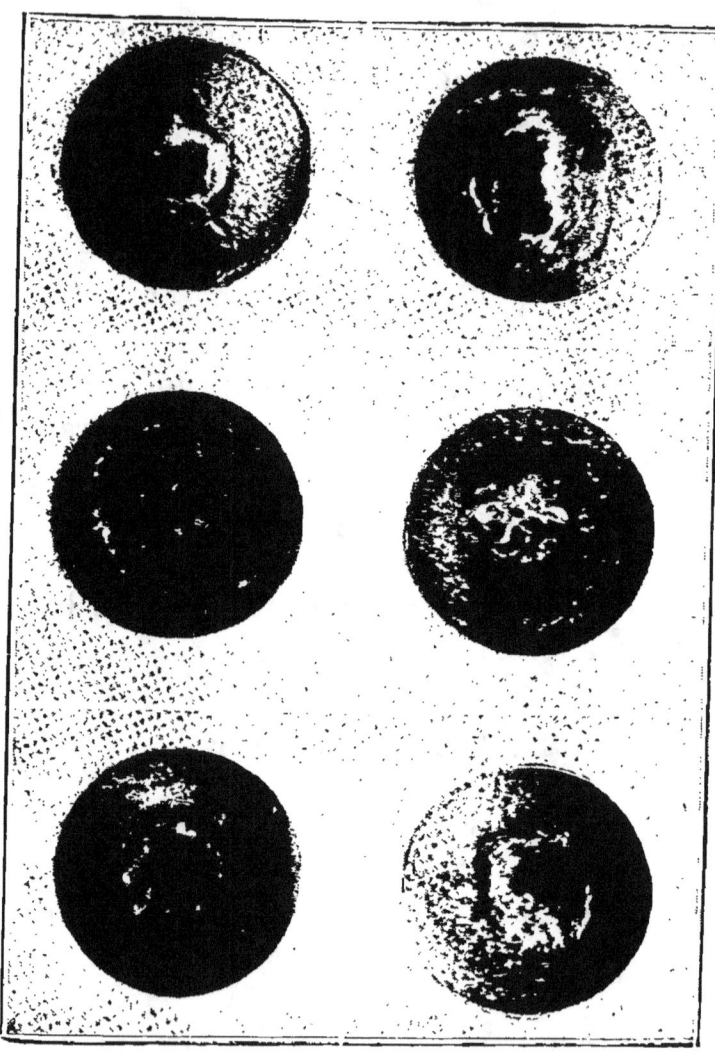

Fig. 4. — Six cors photographiés
(grandeur naturelle).

Les cors ci-dessus ont été pris sur les deuxièmes, quatrièmes
et principalement sur les cinquièmes orteils.

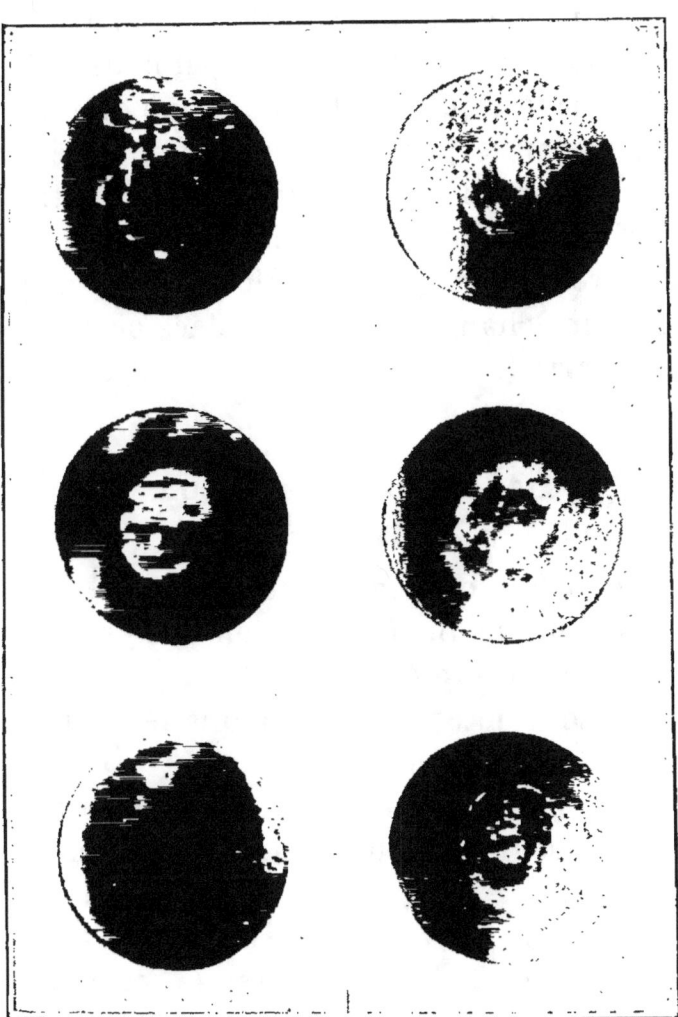

Fig. 5. — Six cors photographiés
(grandeur naturelle).

Les cors ci-dessus ont été également pris sur les deuxièmes,
quatrièmes et cinquièmes orteils.

2.

La forme du cor, d'après ce qui vient d'être dit, ne peut se décrire ; il nous suffit de savoir qu'il y a toujours une ou plusieurs pointes, que ces pointes sont placées aussi bien en haut qu'en bas, au centre que sur les bords ; que la partie cornée est presque toujours inégale et, enfin, que la forme change suivant la place occupée sur l'orteil.

Dénominations du cor.

Les cors sont en pointe quand ils se trouvent sur une articulation saillante et de forme conique.

Ils sont en couronne lorsque les bords seuls sont indurés.

En demi-couronne quand l'induration occupe seulement la moitié de la circonférence.

Et, enfin, en vermicule, lorsque la partie indurée profonde traverse le cor irrégulièrement et en tout sens.

Lorsqu'il y a une pointe, le cor est dit : unicuspide ; lorsqu'il y en a deux, il est dit : bicuspide ; lorsqu'il y en a trois : tri-cuspide, etc.

Nous avons tous entendu parler du cor barométrique qui ne se fait sentir que par les temps humides ; celui-là, c'est le seul qui puisse, au moins, servir à quelque chose (?)

Du volume du cor.

Il y en a de très petits et à une seule pointe ; il y en a de très plats et de très minces comprenant plusieurs pointes fines ; et, enfin, il y en a de volumineux. Certains cors montrent en dehors de la pointe ou des pointes une induration large et épaisse ; d'autres présentent, au contraire, une sorte de pointe énorme en forme de boule irrégulière ; nous en avons vu quelquefois, ayant jusqu'à un centimètre de hauteur. Ce genre de cor est heureusement très rare.

Du siège des cors.

D'une manière générale, le cor peut af-

fecter tous les orteils indifféremment, en
dessus, au bout et en dessous, cette der-
nière variété est rare excepté pour le gros
orteil. Quand il est situé entre les orteils,
il porte le nom d'œil de perdrix ; on en
trouve quelquefois sous la plante du pied
du côté du talon ; et aussi à la face postérieure de ce dernier.

Des cors des ongles.

Il y a, en outre, les petits cors des ongles ; ces cors, généralement en forme de
pointe dure, varient de longueur ou d'é-
paisseur suivant le siège occupé.

Sur le cinquième ou petit orteil, vers sa
face externe, à la commissure de l'ongle,
nous avons enlevé des petits cors très
profonds ; quelquefois à la place de cet
ongle nous avons trouvé une induration
portant une pointe de cor au milieu.

A l'extrémité des ongles des quatrième,
troisième et deuxième orteils, nous avons
parfois trouvé des cors, mais ils étaient
habituellement peu importants.

On constate souvent, au gros orteil, des
petits cors placés de chaque côté de l'ongle, près du bord libre ; on en trouve aussi
sous l'ongle de ce même orteil, placés
soit au milieu ou près du milieu.

Nous avons parfois enlevé, sous ces
ongles, des cors qui étaient en forme de
petites boules ; ces cors ne sont pas faciles
à découvrir étant cachés par l'ongle qui
les recouvre, c'est plutôt par la pression
sur l'ongle qu'on peut les trouver.

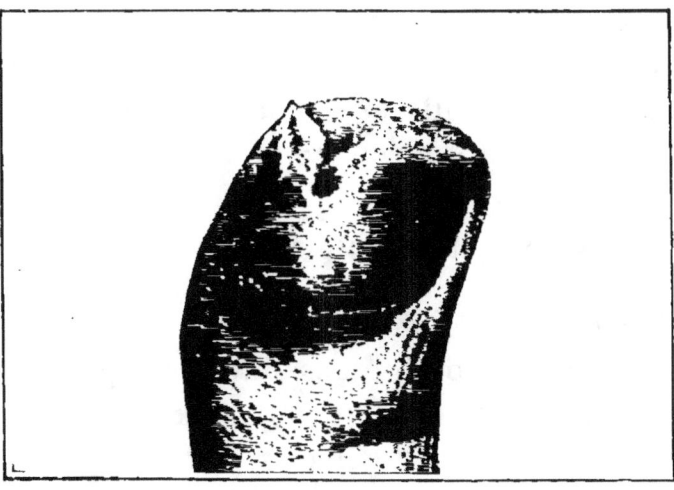

Fig. 6. — Ongle du gros orteil qui avait un cor
sous l'ongle.

Pour être fixé sur l'endroit où siège le cor sous l'ongle, nous exerçons une pression avec notre pouce sur toute la surface de l'ongle jusqu'au moment où le patient s'écrie : c'est là !

La présence d'un cor placé sous le milieu de l'ongle a fait croire à beaucoup de personnes que leur douleur était produite par un accès de goutte ; ces malades nous ayant consulté pour autre chose, nous avons pu nous rendre compte de la véritable cause de ces accès douloureux et nous les avons guéris en enlevant le cor.

Combien d'autres personnes souffrent du même mal sans en connaître la cause.

Des cors de la plante du pied.

Sous la plante des pieds, on rencontre généralement plutôt des durillons plats que des cors, mais, quand ceux-ci existent, ils sont très gênants, car ils sont toujours placés sur un point qui porte sur le sol ; on les appelle alors durillons-cors.

Ces durillons-cors ne sont pas faciles à enlever par le patient lui-même à cause de la difficulté de voir suffisamment sous le pied ; cependant, on pourra le faire en s'asseyant par terre et en croisant les jambes ; ou, si l'on est assis, en mettant le pied malade sur le bord d'une chaise, en face de soi, bien exposée au jour.

Le talon n'en est pas exempt, mais il est presque toujours atteint du genre durillon.

Du mal dorsal des orteils.

Il y a aussi ce que l'on désigne sous le nom de mal dorsal des orteils, un genre de durillon placé au niveau de la première et deuxième phalange, et sur lequel il se forme parfois un véritable petit abcès ; c'est presque toujours l'orteil en marteau qui en est affecté.

On appelle orteil en marteau, l'affection constituée par la flexion permanente des troisième et deuxième phalanges sur la première ; elles forment ainsi un angle fermé en bas et à sommet dorsal.

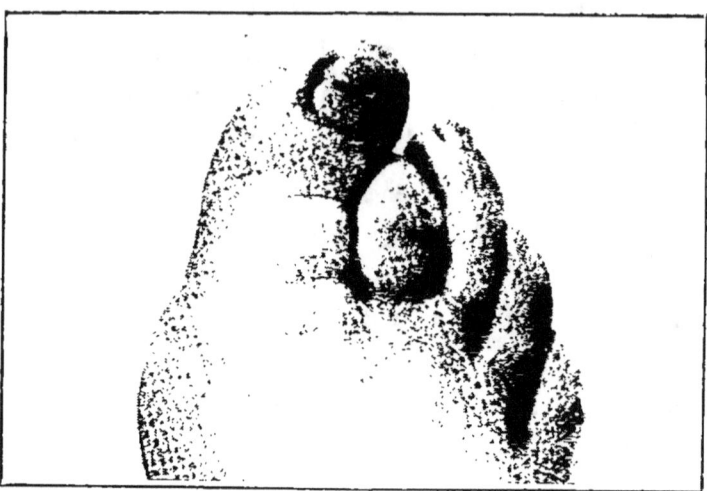

Fig. 7. — Orteil en marteau vu en dessus.

Fig. 8. — Orteil en marteau vu en dessous.

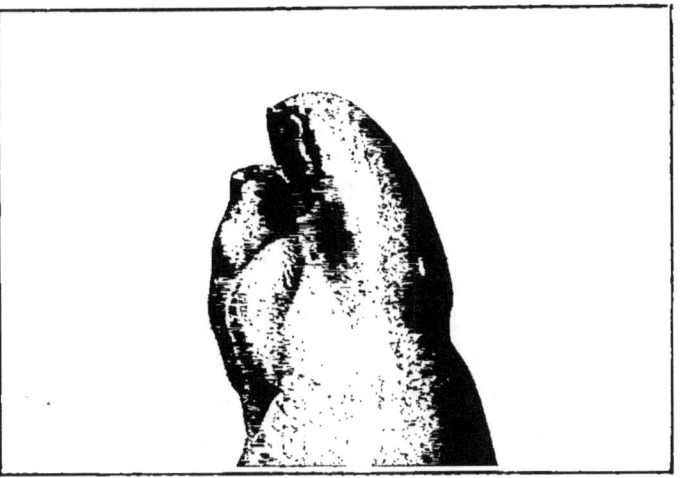

Fig. 9. — Orteil en marteau vu du côté
du gros orteil.

Autrefois l'orteil en marteau était un
cas d'exemption du service militaire ;
aujourd'hui les hommes dans ce cas
font leur service dans les bureaux mili-
taires.

La flexion du deuxième orteil en orteil
en marteau est la plus fréquente, cependant cette maladie affecte assez souvent.
le troisième orteil.

C'est presque toujours lorsqu'un orteil
dépasse le gros orteil que ce cas se pro-

3

duit ; les chaussures trop courtes ne sont pas non plus étrangères à cette maladie.

Talon douloureux.
(Talalgie).

Cette variété de douleur que l'on désigne aussi par : affection douloureuse du talon, est, en quelque sorte, une contusion chronique des tissus profonds du talon par suite de compression. Le point sensible se trouve exactement sous le centre du talon.

On ne remarque ni duretés ni gonflement, ce n'est qu'au toucher que l'on peut trouver l'endroit douloureux.

Les malades ne souffrent jamais au repos, mais seulement pendant la marche ou la station debout.

C'est une affection qui ne se rencontre que très rarement ; elle est produite par l'extrême fatigue, à la suite de marches forcées.

La médecine classe cette maladie dans les névralgies rhumatismales.

Pour la soulager il faut porter une semelle en liège dans laquelle on fait un orifice à l'endroit correspondant au point malade ; l'on peut combler cet orifice avec de la ouate en quantité suffisante ; le talon repose alors sur une partie plus douce que la semelle ordinaire : il faut avoir soin de ne pas mettre trop d'ouate, car celle-ci en se tassant formerait une partie dure.

On a quelquefois réussi en employant le Baume de Fioraventi chloroformé à 10 p. 100 que l'on emploie en frictions répétées dans la journée, et en compresse pour la nuit.

Pour les cas plus sérieux, on aura recours à l'électricité médicale, qui plusieurs fois aurait donné d'excellents résultats.

On trouve, maison Chardin, 5, rue de Châteaudun, des appareils électriques à piles sèches, en forme de petites trousses, peu encombrants, qui sont parfaits pour amener la guérison.

A propos du talon, nous allons parler d'un autre cas, qui n'a aucun rapport avec la talalgie : c'est la brûlure permanente du talon.

Nous avons eu l'occasion d'observer quelques cicatrices de brûlures anciennes qui couvraient entièrement le talon à sa face plantaire; ces cicatrices, plus ou moins importantes, ont à peu près toutes la même origine.

Par l'un de nos clients, nous avons pu connaître la cause de ces cicatrices, elle mérite d'être connue : ces brûlures sont causées, au premier âge, par la négligence coupable d'une domestique, qui, sous prétexte de réchauffer les pieds d'un charmant tout petit bébé, lui place, aux pieds, dans son berceau, un récipient quelconque, sans avoir eu, au préalable, l'intelligence de s'assurer du degré de chaleur de ce récipient; l'enfant qui sent la brûlure, pleure, crie, mais ces cris ressemblant aux cris habituels, on le laisse pleurer sans s'inquiéter de la cause; le lendemain, la domestique s'aperçoit de son imprudence, et pour s'éviter des

ennuis, elle se garde bien d'en parler ;
c'est cette brûlure, qui, n'étant pas soi-
gnée, finit par créer des cicatrices indé-
lébiles au-dessous du talon.

Du mal perforant.

Enfin pour compléter notre étude,
parlons du mal perforant qui appartient
à la plante du pied ; c'est toujours un
durillon, mais très important, siégeant
au niveau des régions qui supportent
des pressions, et qui, faute de soins,
s'ulcère, récidive, et peut devenir très
grave.

Le mal dorsal des orteils et le mal perforant ne se rencontrent, en général, pas
parmi les pieds bien soignés.

De l'inflammation des cors.

Les cors ne sont exceptionnellement enflammés et en état de suppuration que
par les causes suivantes :

A la suite d'une marche forcée avec une
mauvaise chaussure.

3.

Après une coupure faite avec un instrument malpropre.

Par l'emploi d'un coricide ou d'un topique trop caustique.

Et aussi, parfois, par un état maladif.

Des ampoules.

On entend par ampoule le soulèvement de l'épiderme par production de sérosité dans son épaisseur.

Les ampoules se produisent souvent sur les orteils, et aussi derrière le talon ; elles sont rares à la plante et sur le dos du pied.

Lorsque l'ampoule n'est pas ouverte, on passe au travers un fil blanc double au moyen d'une aiguille flambée, et on laisse ce fil à demeure après avoir fait sortir le liquide.

Si l'on n'a ni fil ni aiguille, on pourra avec la pointe d'un canif (flambée par mesure d'antisepsie), faire deux petites ouvertures opposées, en respectant le milieu, de façon à pouvoir la vider sans enlever l'épiderme.

Si enfin elle est ouverte, si l'épiderme est enlevé et que l'on ait encore à marcher, il faut la recouvrir avec ce que l'on a sous la main : papier à cigarette, papier à lettres propre, etc., l'essentiel est de l'isoler de la chaussette ou du bas.

Quand on est rentré, on peut l'envelopper dans de la ouate hydrophile ou la recouvrir avec du collodion salolé, du taffetas pharmaceutique, de manière à ne pas la laisser exposée aux frottements et aux poussières.

Un bon moyen consiste à la panser avec du bicarbonate de soude finement pulvérisé.

Il faut, autant que possible, éviter les ampoules, car, souvent, aux endroits où il y a frottement, ces ampoules ont été la cause ou, mieux encore, l'origine de durillons et même de cors.

Plaies du pied.

Les plaies du pied sont assez fréquentes à la région plantaire ; nous en avons vu produites par des débris de verre ou de porcelaine fine, par des clous, des échardes, des aiguilles, etc.

Il faut une certaine habileté pour enlever ces différents corps étrangers ; on le fait au moyen de la gouge et de la petite pince, parfois la gouge seule suffit.

Quelquefois, malgré toutes les recherches, le corps étranger vous échappe ; dans ce cas il vaut mieux ne pas insister et soumettre le malade aux rayons X qui permettent d'en fixer le siège exact.

Lorsqu'en cherchant avec la gouge la plaie saigne un peu on la lave avec la ouate hydrophile trempée dans la liqueur de Van Swieten, et cela permet de continuer les recherches.

S'il n'y a rien dans la plaie il faut faire un pansement comme pour l'écorchure.

Des écorchures.

L'écorchure est une plaie superficielle de la peau, elle est produite par le frottement répété de la doublure de la chaussure et aussi par les plis des chaussettes ou des bas.

Elle se remarque principalement à la face postérieure du talon et quelquefois sur les orteils; lorsque la peau est déchirée, les malades éprouvent une sensation de cuisson très douloureuse.

Il arrive quelquefois qu'une petite écorchure se forme, sur le pied, par suite de frottement d'un pli de la doublure intérieure de la chaussure; cette écorchure qui a pu être mise en contact direct avec le bas ou la chaussette de couleur, peut former plaie et s'enflammer; dans ce cas, il faut immédiatement supprimer cette chaussure, car le même frottement continuant à exister au même endroit malade, rendrait la guérison impossible, malgré les pansements.

Il serait donc de toute nécessité de porter une chaussure très large et légère, pendant la durée du pansement.

Quand on est en route, le principal remède consiste à isoler l'écorchure en se servant de ce que l'on a sous la main; en premier lieu, nous conseillerons le papier à cigarettes, et, à son défaut, le papier

blanc propre, un morceau de linge blan-
chi, etc.

Lorsqu'on sera rentré on pourra pro-
céder de la façon suivante : si l'écorchure
est située sur les orteils on saupoudrera
avec de la poudre d'amidon, et on entou-
rera l'orteil avec de la ouate hydrophile
ou du linge fin, comme dans la figure
ci-après ; si elle est située sur le cou-de-
pied, sur les malléoles (chevilles), ou der-

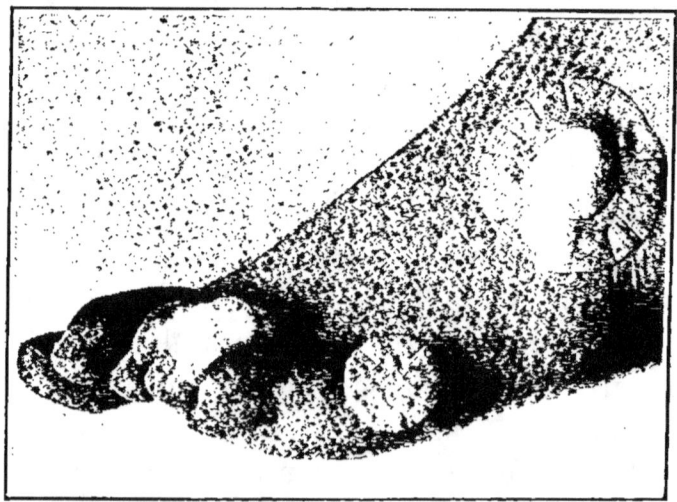

Fig. 10. — Bout de pied, avec un orteil enveloppé
d'ouate : une rondelle sur une écorchure à la
base du petit orteil ; et un pansement ouaté
sur le côté du cou-de-pied.

rière le talon, on prendra du taffetas pharmaceutique ou du papier gommé, on en
coupera une rondelle, avec un trou au
milieu ; après avoir poudré avec la poudre
d'amidon, on placera sur l'écorchure une
couche d'ouate hydrophile que l'on main-
tiendra au moyen de la rondelle préparée. (Voir la fig. 10.)

Si l'écorchure est profonde, on remplace-
cera la poudre d'amidon par la poudre
d'iodoforme, après avoir préalablement
lavé la partie atteinte avec la liqueur de
Van Swieten.

Un autre bon moyen consiste, pour
la nuit, à mettre des compresses d'eau
blanche.

De la chaussure.

Pour bien marcher, et même encore,
pour avoir une marche élégante, il est
nécessaire d'avoir une bonne chaussure ;
on entend par bonne chaussure celle qui
garantit, protège, et soutient bien le pied
sans le comprimer, en un mot, la chaussure rationnelle doit épouser la forme du

pied sans le serrer ; il faut se rappeler que la chaussure doit être faite pour le pied, et non le pied pour la chaussure.

Donc, les chaussures doivent être adaptées à la conformation réelle du pied, et, en outre, elles ne doivent présenter aucune saillie, aucune bosse, ni aspérités quelconques dans l'intérieur.

Les exigences de la mode nous imposent des chaussures qui ont besoin d'être modifiées pour chaque personne.

Si le cordonnier adapte bien la forme à la mode à la conformation du pied tout ira bien ; mais il est rare qu'il réussisse du premier coup, il lui faut quelquefois plusieurs essais avant d'arriver à la perfection. Aussi, recommandons-nous, toujours, à notre riche clientèle, de garder sa confiance au cordonnier observateur qui a le talent : « de garder le pied de sa cliente dans sa tête ».

Lorsque le pied paraît être plat il est bon de porter, autant que possible, des talons hauts ; s'il est très cambré, au contraire, il vaut mieux porter des talons moyens.

La chaussure ornée sur le dessus paraît diminuer la longueur du pied.

Les bonnes chaussures qui plaisent aux pieds sont les meilleurs auxiliaires pour la marche.

TRAITEMENT

Cette partie, la plus importante de ce petit travail, s'adresse plus particulièrement à notre riche clientèle qui, l'hiver, se rend dans le Midi, et l'été dans ses châteaux pour un long séjour.

Il s'adresse aussi aux habitants des provinces privées de pédicure et à tous ceux qui, nous ayant bien compris, peuvent être leur propre opérateur; et enfin aux personnes qui, ne voulant ou ne pouvant se soigner elles-mêmes, l'expliqueront à quelqu'un de leur entourage.

Il est bien certain toutefois qu'il n'entre pas dans nos vues de remplacer le pédicure spécialiste qui exerce depuis longtemps et qui, par cette raison, a acquis une grande habileté de main, mais bien de suppléer à ses soins quand ils nous manquent.

De la trousse.

Tout d'abord nous devons expliquer quels seront les instruments nécessaires ; ils sont au nombre de huit, qui sont :

N° 1. Le coupe-cors.

2. La spatule.

3. La gouge.

4. Le coupe-ongles.

5. Les ciseaux forts pour ongles.

6. Les ciseaux fins recourbés.

7. La lime à ongles.

8. La petite pince.

Le coupe-cors n° 1 se termine en pointe aiguë.

La spatule n° 2 est un instrument qui coupe par le bout qui est arrondi.

La gouge n° 3 est creusée dans le sens de sa longueur, et le bout est arrondi.

Le coupe-ongles n° 4 n'a pas de pointe.

Les ciseaux forts pour ongles n° 5 doivent suffire pour toutes les différentes épaisseurs d'ongles.

Les ciseaux fins n° 6 sont recourbés, ils servent à couper les bords de certains cors et, généralement, toutes les petites peaux.

La lime à ongles n° 7 sert non seulement à limer les ongles, mais encore à écarter la chair autour des ongles.

La petite pince n° 8, appelée aussi pince à épiler, sert principalement à enlever les petits morceaux d'ongles séparés par le coupe-ongles dans les ongles incarnés et aussi pour saisir tout ce qui nous est difficile à cause de la petitesse.

Lorsque nous désignerons l'un de ces instruments nous indiquerons en même

Fig. 11. — **NOUVELLE TR**
Pour les soins des pieds. soit po
de so

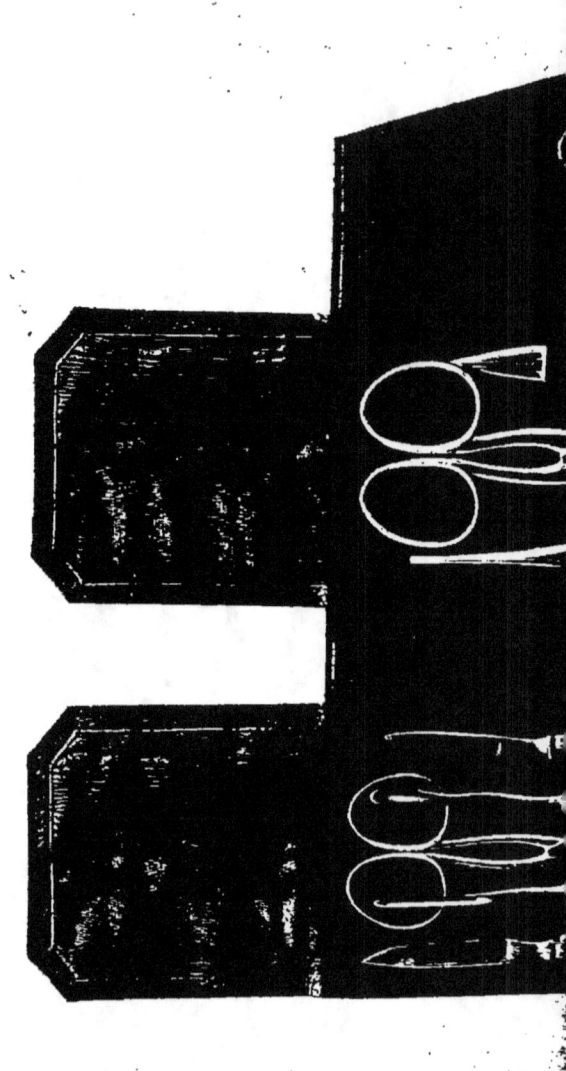

La maison Collin peut fournir
Le N° **1** Manches ébène, trousse unie (brochure compr
avec filets, **60 fr**. — Le N° **3** Manches nacre, trou
Chez **COLLIN, 6, rue de**

HE composée par A. GIRARDOT

soigner soi-même ou par quelqu'un

ourage.

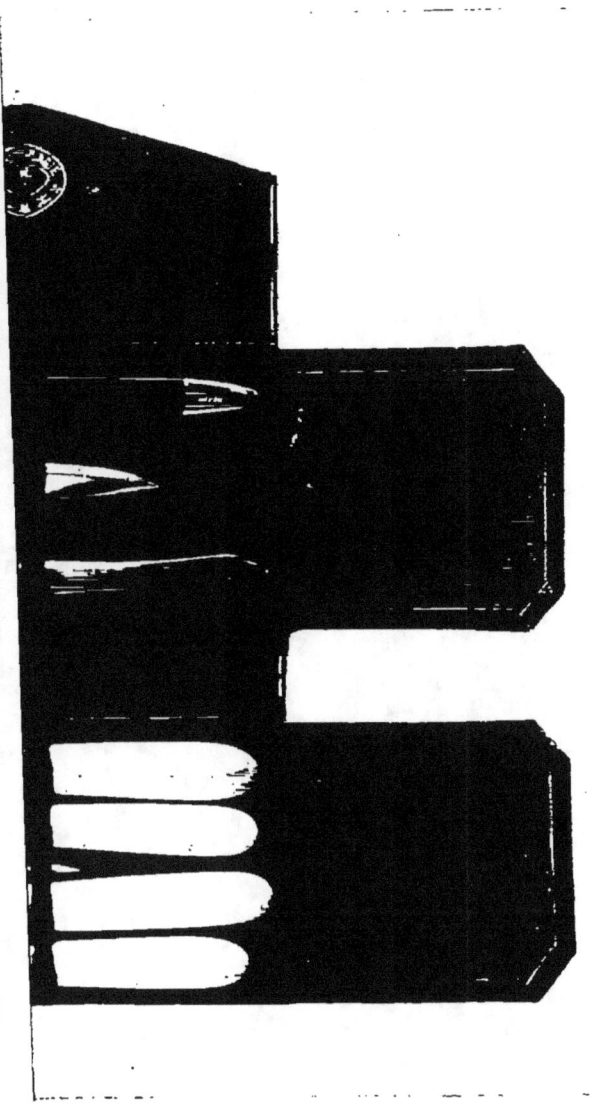

des trois trousses suivantes :

0 fr. — Le N° **2** Manches ivoire, trousse cuir de Russie
che, deux lettres ou couronne et lettres. **100 fr.**

lle-de-Médecine, **PARIS**

temps le numéro que nous lui avons assi-
gné[1].

Nous recommandons de remettre toujours les instruments à leur place habituelle dans la trousse.

---

1. Tous ces instruments, portant la marque
Collin, sont de toute première qualité ; on peut
trouver des instruments à des prix moins élevés
mais, nous savons, par expérience, que l'instrument en acier ordinaire n'est jamais aussi avan-
tageux à l'usage que l'instrument en acier fin
supérieur.

Propreté rigoureuse des instruments.

L'hygiène, qui a subi depuis quelques années des transformations profondes, nous oblige à indiquer ici, très sommairement du reste, quelques petites précautions nécessaires.

Les instruments doivent être d'une propreté minutieuse, il ne faut jamais les remettre dans la trousse sans les bien essuyer, de même les essuyer toujours avant de s'en servir.

Lorsque la trousse n'aura pas servi depuis quelque temps, il sera bon, avant de s'en servir, de plonger les instruments dans l'eau bouillante. L'eau bouillante est le meilleur des antiseptiques.

S'il arrivait que nous opérions dans des

tissus suppurés, nous aurions toujours
soin de faire passer nos instruments,
aussi bien avant qu'après l'opération,
dans l'eau bouillante et après les avoir
essuyés avec un linge bien propre,
nous les tremperions pendant quelques
secondes dans le bichlorure de mercure
à 2/1000.

Ces moyens, naturellement, seraient
peut-être inefficaces s'il s'agissait d'une
opération chirurgicale, mais ils sont suffi-
sants pour les cas très minimes et nullement graves dont nous nous occupons
ici, et nous n'en parlons, que pour faire
bien comprendre l'importance d'une propreté minutieuse.

Propreté des mains et des ongles.

Nous donnons ici à titre documentaire,
quelques conseils pour la propreté des
mains, pour les cas où il y aurait à ouvrir
un abcès, à dégager un cor, un œil-de-
perdrix, une ampoule, enflammés ou en
voie de suppuration.

Nous recommanderons de se bien laver

les mains, comme il est dit ci-après, avant et après l'opération.

Le lavage aseptique des mains doit se faire de la manière suivante :

1° Curage des ongles à sec ;

2° Lavage au savon noir ;

3° Essuyage et brossage des ongles ;

4° Lavage dans la solution de bichlorure de mercure au 2/1000.

Le lavage au savon noir est le meilleur moyen pour nettoyer les mains ; outre son efficacité de nettoyage, il a, de plus, l'avantage d'adoucir et de blanchir la peau ; voici la manière de s'en servir : nous mélangeons à poids égal le savon noir en pâte avec du blanc d'Epagne finement pulvérisé. Lorsque nous voulons nous nettoyer les mains, nous en prenons environ la grosseur d'une noisette, et, sans mettre les mains dans l'eau, nous les frottons jusqu'à ce que le savon disparaisse, c'est-à-dire jusqu'au moment où les mains redeviennent sèches. On les place ensuite sous un petit filet d'eau et on les frotte jusqu'à ce qu'il n'y ait plus de mousse de savon.

Le brossage des ongles doit toujours se faire avec une brosse à ongles sortant de l'eau bouillante et passée au bichlorure de mercure au 1/2000.

Aucune brosse ne devra être utilisée deux fois de suite sans que les mêmes précautions soient prises.

Toutes ces mesures pour les mains peuvent paraître exagérées, elles ne sont pas encore suffisantes même pour la petite chirurgie; mais, ici, il nous suffit de savoir que la toilette de nos mains et de nos ongles doit être faite d'une façon minutieuse.

De la position à prendre.

Maintenant que nous connaissons notre trousse, nous allons apprendre à nous placer pour nous en servir.

Nous avons deux cas différents : la position pour nous soigner nous-même, et la position pour être soigné par une autre personne.

Pour nous soigner nous-même, la meilleure position à prendre est de nous asseoir par terre sur les tapis. Ceci peut se faire la nuit avant de se coucher et autant que possible après un bain de pieds ; étant assis par terre, nous plions ou croisons les jambes de façon que la partie à opérer se rapproche de notre vue, nous plaçons près du pied une bougie (ou une ampoule d'électricité) dont la lumière ne dépassera la hauteur du pied que de cinq à dix centimètres et nous mettons notre trousse ouverte à portée de la main droite.

Fig. 12. — Position pour se faire la toilette des pieds le soir avant de se coucher.

Autre position.

Si, au contraire, nous voulons faire cela en plein jour, il faudra prendre trois chaises : l'une sera adossée à la fenêtre, l'autre sur laquelle nous serons assis lui fera face et la troisième à notre droite pour recevoir les instruments. De cette façon le pied sera en pleine lumière.

Fig. 13. — Position pour se faire la toilette des pieds le jour.

Positions pour se faire opérer
par une autre personne.

1º Pour les personnes qui ne le feront pas elles-mêmes, il faudra également trois chaises.

La personne à opérer se placera face à la fenêtre, ayant à sa gauche, à distance de son pied, sur un siège plus bas, la personne qui fera fonction de pédicure et à

Fig. 14. — Position pour se faire faire la toilette des pieds par une autre personne.

5.

sa droite la chaise supportant les instruments qui, de cette façon, feront face à
l'opérateur.

2° Pour une personne souffrante, cela
peut se faire avec une chaise longue ou
un canapé.

La chaise longue sera installée de façon
à ce qu'on voie bien clair; la personne à
opérer étant couchée, le pédicure sera

Fig. 15. — Position pour se faire faire la toilette
des pieds, étant sur une chaise longue.

assis à ses pieds, ayant en face de lui une chaise qui supportera les instruments.

Il sera nécessaire d'avoir toujours une serviette, afin de pouvoir essuyer les instruments, car, souvent une pellicule adhère au tranchant de l'instrument et peut le faire dévier.

De l'Excision.

On entend par excision : le tranchage, le coupage ou l'incision à plat.

Avant de se servir pour la première fois des instruments, on devrait préalablement les essayer sur du liège ou du caoutchouc, afin de s'exercer à n'enlever que des pellicules très minces. Pour cela il faut du caoutchouc épais ; nous dessinons à la plume, sur ce caoutchouc, quelques dessins de cors différents les uns des autres, en indiquant dans ces dessins des parties plus noires, variées, pour représenter les pointes ; on s'attachera à creuser ce caoutchouc avec les trois principaux instruments, en suivant bien les lignes sans les dépasser, et en tenant compte de la progression des explications qui suivent.

Aussitôt que nous aurons trouvé la position commode, nous devrons tenir avec les doigts de la main gauche l'orteil où est le cor, de manière que ce cor ne puisse bouger ; nous prendrons le coupe-cors n° 1 de la main droite comme si nous tenions un grattoir (c'est-à-dire le manche tenu dans les quatre doigts fléchis, le

Fig. 16. — Manière de tenir le coupe-cors n° 1.

pouce allongé), le côté coupant en bas comme nous le montre la figure ci-avant, et le tenant légèrement mais solidement, nous chercherons à enlever une pellicule en ayant soin de couper toujours en remontant (cette règle est absolue) et en sciant légèrement.

Lorsque nous aurons ainsi enlevé quelques pellicules, nous devrons toucher avec le doigt pour nous rendre compte de l'épaisseur qui reste à enlever, et quand

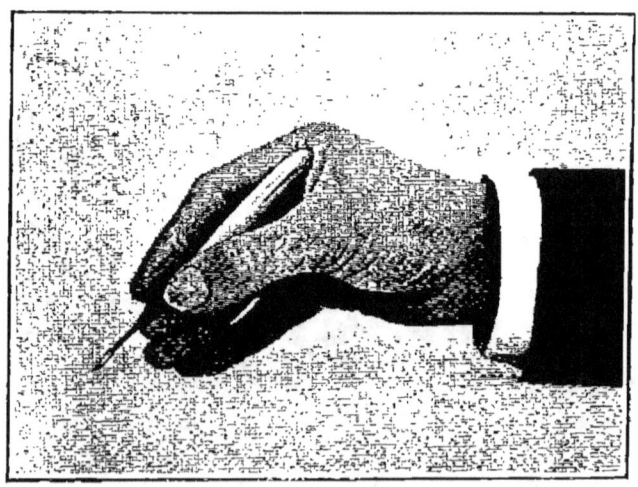

Fig. 17. — Manière de tenir la spatule n° 2.

nous verrons et sentirons avec notre doigt qu'il ne reste que pointes et partie environnante dure, nous abandonnerons le coupe-cors et prendrons la spatule n° 2 ; celle-ci se tient comme un porte-plume (voir la figure 17), avec le bout de la spatule nous soulèverons légèrement dans la partie du cor qui reste épaisse une pellicule en rond, puis nous changerons la main de place et l'attaquerons sur le côté pour achever d'enlever complètement cette pellicule.

Si nous avions continué à aller dans le sens où nous avions commencé nous aurions pu atteindre jusqu'au derme.

Donc il ne faut faire qu'un tracé avec la spatule n° 2, et pour l'enlever, l'aborder dans le sens opposé, ou sur le côté.

Lorsque nous aurons ainsi enlevé une grande partie du cor, nous couperons les bords avec les ciseaux courbes n° 6, puis nous prendrons la gouge n° 3 ; celle-ci se tient également comme un porte-plume.

Avec la gouge n° 3, nous nous propose-
rons d'enlever la ou les pointes; pour
cela nous tournons autour de la pointe en
ayant soin de diriger l'instrument comme
si l'on voulait creuser un trou, et après
avoir tracé le tour nous en enlèverons une
petite partie; nous recommençons ensuite
de la même façon jusqu'au fond, c'est-à-
dire jusqu'à la partie molle qu'il ne faut
pas attaquer.

Fig. 18. — Manière de tenir la gouge n° 3.

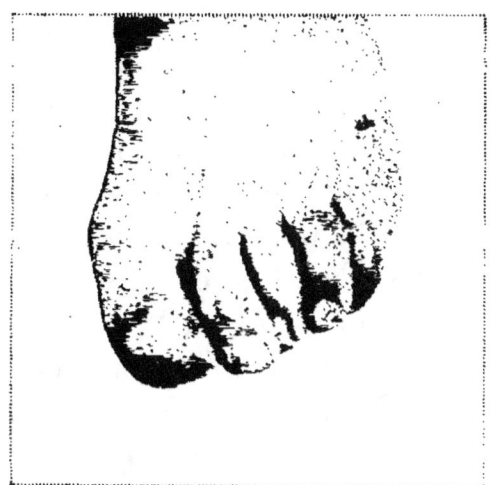

Fig. 19. — Deux cors avant l'excision.

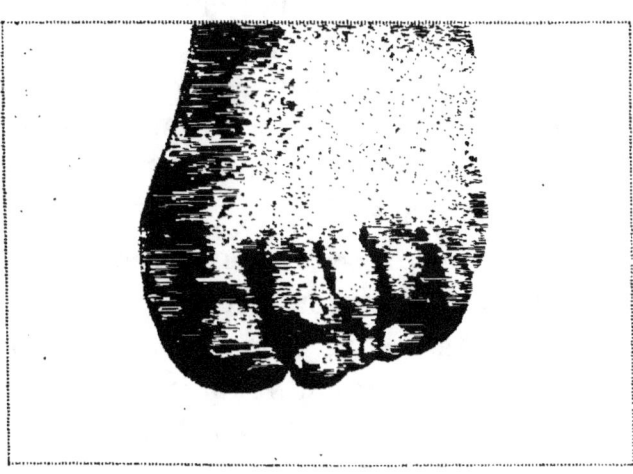

Fig. 20. — Après l'excision.

Pour nous résumer nous dirons qu'il faut tenir le coupe-cors n° 1 comme un grattoir, couper toujours de bas en haut, et ne couper que des pellicules très fines sur tout l'ensemble du cor ; qu'il faut tenir la spatule n° 2 comme un porte-plume, tracer en contournant une pellicule sur la pointe que l'on veut attaquer, et finir d'enlever cette pellicule en la prenant de côté et en remontant ; pour finir d'enlever cette pointe, il faut tenir la gouge n° 3 comme la spatule ci-dessus, creuser en rond et en biais, suivant la forme de la pointe, et enlever par parcelles jusqu'au bout.

Lorsqu'un cor est trop sensible à attaquer d'un côté, avec le coupe-cors on l'attaque dans ce cas du côté opposé.

Tout ce qui précède, comme manière d'opérer, se nomme l'excision.

Nous connaissons encore d'autres méthodes, mais elles sont moins sûres et n'offrent pas autant de garantie pour le soulagement immédiat ; en outre elles sont plus dangereuses.

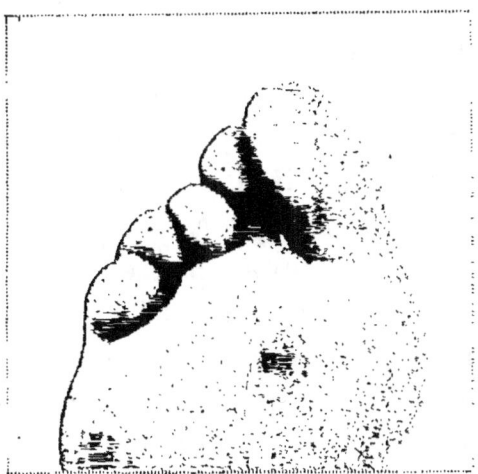

Fig. 21. — Deux durillons avant l'excision.

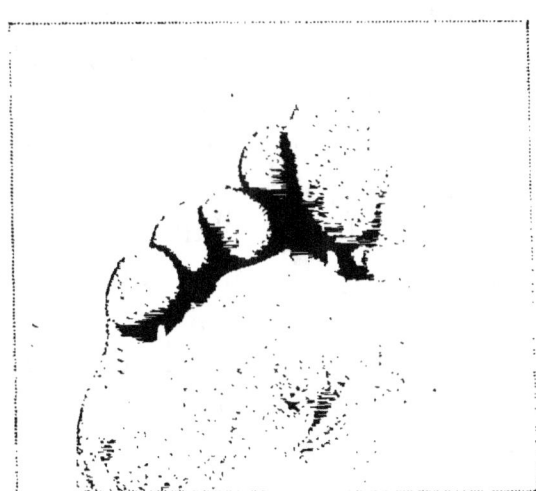

Fig. 22. — Après l'excision.

Il y a, d'abord, la méthode qu'emploient un très petit nombre de pédicures; ils préviennent par réclame, qu'ils ne se servent d'aucun instrument tranchant; en réalité ils tranchent les cors avec des bâtons en ivoire de la grosseur d'un manche de porte-plume et très affilés à la pointe ou au tranchant; c'est, en somme, la même manière d'opérer mais avec des instruments moins bons, exactement comme si nos grands chirurgiens remplaçaient leurs instruments en acier fin par des scalpels en ivoire.

Une autre méthode qui a été employée autrefois et qui est délaissée depuis longtemps, consistait à attaquer le cor avec un instrument pointu, à en faire le tour pour le décoller peu à peu, puis, lorsqu'une partie du cor était décollée, à la saisir avec une petite pince, tirer dessus et couper par en dessous, jusqu'à ce que le cor soit entièrement détaché. C'est de cette méthode que l'on pourrait dire : qu'elle arrache les cors.

Il y a encore la méthode qui consiste à brûler les cors avec le fil de platine d'un

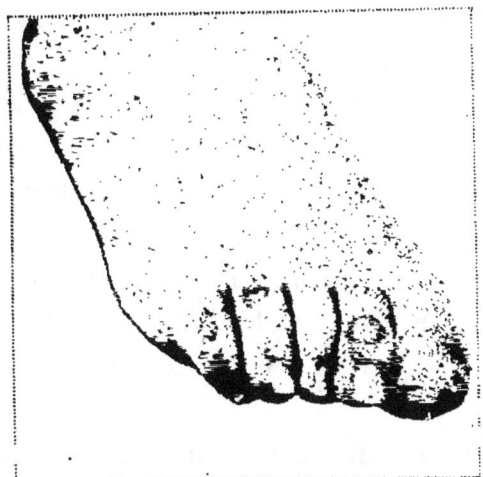

Fig. 23. — Trois cors avant l'excision.

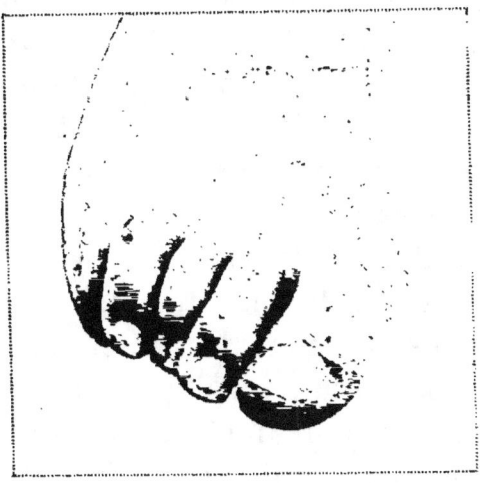

Fig. 24. — Après l'excision.

6.

thermocautère électrique ; cette méthode
que, personnellement, nous avons essayée,
n'a pas donné les résultats que nous en
attendions : l'opération est très douloureuse, les cors ainsi opérés deviennent
très sensibles et le restent longtemps
après l'opération ; ce n'est qu'en repre-
nant, plus tard, notre méthode d'excision
que nous avons pu les ramener à un état
meilleur.

Nous connaissons aussi, pour l'avoir
essayée nous-mêmes, la méthode chinoise ;
cette méthode nous a paru plutôt primitive ; en effet, le pédicure chinois s'as-
sied par terre, et il emploie comme instrument un genre de lame mince sans
manche qui coupe par le bout transver-
sal, comme les petits ciseaux à bois des
menuisiers.

C'est donc à la méthode de l'excision
avec des petits instruments d'acier fin
que nous donnons la préférence, parce
que c'est la seule où l'on ne sent jamais
la moindre douleur, et qu'en outre le soulagement est durable et complet.

Médicaments.

Nous allons indiquer quelques remèdes conseillés par la médecine ; mais nous devons dire que nous n'avons en eux qu'une faible confiance ; car tel médicament qui réussira pour un cor, sera très mauvais pour un autre ; il n'y en a aucun d'absolument sûr.

On pourra cependant, pour certains durillons épais et peu sensibles, employer la pierre ponce après un bain de pieds ; mais pour les cors sensibles ce moyen, ainsi que la lime, est plutôt contraire, car cela peut amener l'inflammation du cor.

Le citron, coupé en très petites rondelles, a quelquefois rendu des services, mais il faut l'employer avec prudence, et cesser d'en mettre aussitôt que la peau blanchit.

Il est recommandé d'être très prudent dans l'emploi des médicaments ; s'il s'agit de papier ou de tissu quelconque, ne les couper que de la dimension du cor, et s'il s'agit de liquide n'en mettre que sur la place même du cor.

Remèdes médicamenteux simples.

1. Emplâtre de savon.

2. Emplâtre salicylé.

3. Emplâtre diachylon.

4. Papier chimique.

5. Teinture d'iode.

6. Acide acétique cristallisé.

7. Acide salicylique cristallin pur.

8. Formol.

9. Papaïne.

10. Emol.

Formules composées.

11. Acétate de cuivre. . . . . 1 gr.
    Collodion 30

12. Mercure précipité blanc. . 1
    Onguent émollient 15

13. Extrait de chanvre indien. 0 50
    Acide salicylique 3
    Collodion. 35

14. Papaïne 0 75
    Borax 30
    Eau 20

15. Térébenthine de Venise. . 3
    Acide salicylique. 5
    Collodion 30

16. Acide salicylique . . . . .   2 gr.
    Alcool rectifié à 90° . . .   2
    Ether sulfurique à 62° . .   5
    Collodion   10

17. Acide salicylique   2
    Cannabine . . . . : 0 50
    Alcool à 90°   2
    Ether à 62°   5
    Collodion   10

18. *Emplâtre Baudot :*
    Cire blanche pure   20
    Emplâtre de poix.   10
    Galbanum en larmes . . .   10
    Faire fondre, passer et ajouter à :
    Acétate de cuivre porphi-
       risé   10
    Essence de térébenthine . .   1
    Créosote 2 50

Délayer ces trois substances dans l'emplâtre, retirer du feu, agiter.

En application sur le cor, trempé et
coupé.

19. L'appareil pour les cors, du docteur
    Donné, consiste en une boîte qui
    renferme une pierre ponce et un
    flacon contenant de la potasse caus-
    tique liquide. Pour s'en servir on
    trempe légèrement la pierre ponce
    , dans la potasse et l'on frotte le cor
    avec précaution.
    On réitère l'opération plusieurs fois.
    « N'est pas recommandable. »

20. Nouvelle méthode médicale :
    Après un bain de pieds et savonnage
    laver antiseptiquement avec :

Sublimé . . . . 0 gr. 25
Acide tartrique . . . . . . 1 —
Eau . . . . 1 litre

Faire aussitôt l'excision sans amener le
sang, faire ensuite un léger badigeonnage
avec un pinceau imbibé de teinture
d'iode ; découper une rondelle d'emplâtre
salicylique et l'appliquer sur le cor, l'envelopper aussitôt dans la ouate hydrophile
et fixer avec de la gaze fine ; laisser l'appareil en place pendant quatre jours.

Le cinquième jour recommencer la même méthode, l'excision comprise.

En quatre ou cinq fois, d'après l'auteur, le cor le plus mauvais doit être guéri.

Nous ne parlons pas, avec intention, de l'acide nitrique ou azotique, ni du nitrate d'argent, parce que nous les considérons comme des corps dangereux et n'amenant aucun soulagement.

Nous en dirons autant des coricides de toutes marques et de toutes teintes, lancés avec force réclame, mais qui ne valent jamais les formules médicales ci-dessus, et pour lesquels il sera toujours prudent de demander avis à son médecin ou à son défaut au pharmacien.

Des coricides.

Puisque nous venons de parler de coricides, à propos de médicaments, nous allons, dans ce chapitre spécial, essayer d'en expliquer la genèse.

On entend par coricide un produit pharmaceutique composé de différentes substances associées, ayant pour but de détruire les cors, œils-de-perdrix, durillons.

Ce produit est presque toujours à base d'acide salicylique dissous dans du collodion qui le rend plus commode à employer ; quelquefois, aussi, il est présenté sur taffetas ou toile et se coupe avec les ciseaux

7

Il est coloré différemment et on lui donne souvent un nom ronflant.

Les coricides, anti-cors, emplâtres, mixtures, baumes, topiques, etc., contre les cors sont innombrables, nous en citerons quelques-uns :

Coricides du commerce.

Le fluide guérisseur ;
Le fluide Loisel.
Le baume Antonio ;
Le baume Damon ;
Le baume D'Herblay ;
Le baume des Mages ;
Le baume Notre Dame ;
Le baume des touristes.
L'infaillible ;
L'incroyable ;
Le doloricide ;
Le corifuge de la renommée ;
Le morocor ;
Le coracors ;
Le corivor parisien ;
Le clavicide Boutineau ;

Toxicor souverain ;
Une nuit de Keene.
Coricide du corps de ballet ;
Coricide Damon ;
Coricide le fabuleux ;
Coricide du fantassin ;
Coricide des frères Oudinot ;
Coricide John ;
Coricide une minute.
Le souverain coricide.
Topique Barre ;
Topique Cendrillon ;
Topique du Chartreux ;
Topique pour les cors.
La dynamite des cors ;
La mélinite des cors ;
La lyddite des cors ;
Le baume parisien ;
Le baume podophilin.
Spécifique Suisse ;
Détruit-cor Anglo-Américain.
Coricide Russe ;
Coricide Américain.
Topique Japonais ;
Topique Marocain ;
Baume Indien ;

Baume de la Mecque ;
Le dernier Juge, etc.

Il revient très bon marché et se vend
cher ; quand on ne l'emploie pas de suite,
il sèche, durcit, et on ne peut plus s'en
servir.

Aussitôt qu'un coricide ne se vend plus,
parce qu'il est discrédité, les fabricants
de ce genre de produits en lancent un
autre ; la formule est la même, mais, pour
le rajeunir, on change la nuance ainsi
que le nom.

Beaucoup de personnes ont essayé, au
moins une fois, un coricide quelconque
et n'en ont pas été satisfaites ; d'autres,
ne s'en trouvant pas trop mal, ont continué pendant quelque temps, et s'y sont
habituées ; puis, un jour, il leur vient un
nouveau cor en tout semblable, croient-
elles, à ceux qu'elles avaient précédem-
ment ; elles appliquent de nouveau le
coricide qui leur avait bien réussi déjà,
mais à leur grande surprise et dès la première application le cor s'endolorit : malgré cela, elles continuent avec moins de

confiance il est vrai, puis, tout à coup, il s'enflamme ; le traitement est alors suspendu. Cette inflammation due au coricide est des plus fréquentes ; d'ailleurs nous pouvons affirmer que les pédicures expérimentés le savent si bien que, personnellement, ils ne s'en servent jamais.

La raison est bien simple à comprendre : le caustique qui fait la base du coricide détruit à la fois les tissus sains et les durillons, parce qu'il exerce son action partout où il est appliqué : d'ailleurs pour peu qu'on réfléchisse à la formation du cor, on constatera que celui-ci est inégal dans son épaisseur, que les pointes sont tantôt placées au centre, tantôt près du centre, tantôt sur les bords ; de plus, l'épiderme n'est pas toujours le même chez toutes les personnes, il est plus ou moins fin, plus ou moins gras ou moins épais ; dans ces conditions on ne peut pas, avec le même coricide, obtenir les mêmes résultats sur tous les épidermes ; s'il supprime la partie cornée il ne supprimera pas les pointes et s'il supprime les

7.

pointes il attaquera généralement le derme parce qu'il aura été trop loin ; c'est pourquoi la douleur, au lieu de diminuer, augmentera progressivement ; on sent alors des battements et on a un cor enflammé. Nous ajouterons même qu'on a observé que le coricide trop énergique ou trop pénétrant peut occasionner le téta- nos.

Lorsque la pointe ou une des pointes d'un cor est exactement placée entre les jointures des phalanges, le coricide est encore contre-indiqué.

Pour nous résumer, nous pouvons dire que le coricide ne nous semble indiqué que pour les durillons genre cors, et aussi pour les cors plats, larges, avec faible pointe au milieu ; mais, pour les œils-de-perdrix ou tous les autres genres de cors, et ce sont les plus nombreux, le coricide est plutôt nuisible. En outre, si le coricide réussit pour les durillons et les cors faciles il ne le fait que quand il est parfaitement placé sur la partie cornée sans dépasser les bords ; tout ce qui est en dehors brûle et mortifie l'épiderme, et contribue, par cela même, à lui donner plus d'importance.

D'après ce qui précède on comprendra que le coricide idéal serait celui qui serait identique au travail des pédicures habiles, ce qui est complètement impossible.

Nous conseillerons donc à toute personne qui aura la souplesse nécessaire et la vue bonne, de faire l'acquisition des instruments indiqués aux figures 16, 17, 18, et qui sont :

Le coupe-cors ;

La spatule ;

La gouge.

Se reporter ensuite au chapitre : Excision, pour apprendre à se soigner soi-même ; on s'habituera vite à ces trois instruments, et l'on n'aura plus jamais besoin de coricides.

Trois conseils.

1° Quand on a une paire de chaussures neuves que l'on ne peut mettre parce qu'elles sont trop étroites, au lieu de les donner ou les céder à vil prix, rendez-les à votre cordonnier et faites-les-lui ressemmeler comme si les semelles étaient usées, en exigeant qu'il rélargisse ces chaussures de un centimètre ; il peut le faire et, dans ce cas, ces chaussures plairont à vos pieds.

2° Si l'on a sous le pied un ou plusieurs durillons faisant beaucoup souffrir malgré des soins répétés, prenez une bande de molleton très épais, de la largeur de cinq à sept centimètres et,

comme longueur la largeur de votre pied
à l'endroit des durillons plus trois centimètres, et arrondissez les bouts; vous
placez cette large bande sur le pied même
à l'endroit des durillons de façon que les
bouts débordent également de chaque
côté et mettez par-dessus votre bas ou
chaussette.

On s'habitue peu à peu à placer cette
bande de molleton et l'on s'en trouve très
bien.

Pour l'été, par les grandes chaleurs, la
bande de molleton peut être remplacée
par un morceau de toile souple, plié en
deux, avec, au milieu, un morceau de gut-
ta-percha, « la dimension habituelle est
d'environ six centimètres sur sept, étant
cousu », l'on enduit l'une de ses faces
avec de la lanoline, et on la place sur la
peau.

3° Nous savons tous que nos deux pieds
ne sont pas exactement de la même grosseur; par cette raison, il arrive quelquefois qu'en marchant, nous sentons un
pied qui s'enfonce plus que l'autre dans

la chaussure, et nous blesse ainsi le dessus des orteils.

Pour remédier à cela, on n'a qu'à prendre de la peau de chamois très souple; on en coupe plusieurs morceaux d'environ six centimètres sur dix, suivant l'épaisseur nécessaire; on les place sur le dos du pied, à partir de la naissance des orteils, puis on les recouvre de la chaussette ou du bas; on remédie ainsi à cet inconvénient.

De l'œil-de-perdrix.

Par suite de pression constante exagérée de la chaussure, la peau, entre les
orteils, durcit ; la couche cornée de l'épiderme s'épaissit plus ou moins et sur
une étendue variable ; puis l'épiderme
s'atrophie, laissant le sommet des papilles
dermiques arriver presque au contact de
la couche cornée, cette couche s'arrondit,
prend la forme de l'œil-de-perdrix et
devient douloureuse, non seulement sous
l'influence de la pression, mais aussi
sous l'influence des variations hygro-
métriques.

L'œil-de-perdrix doit probablement son
nom à l'aspect qu'il présente assez sou-

vent : une sorte de petite tumeur plate
avec au milieu un tour blanchâtre ayant
au centre une pointe plus foncée (voir
fig. 25).

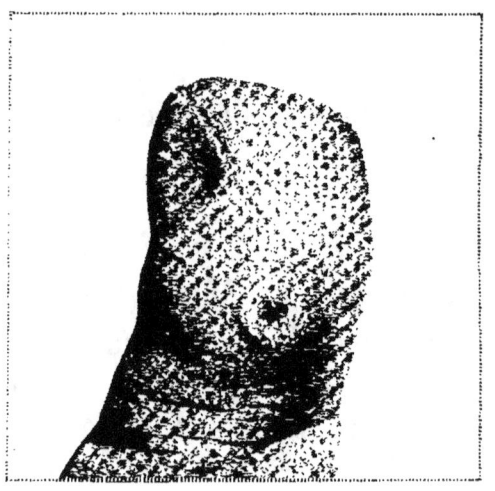

Fig. 25. — Gros orteil avec un œil-de-perdrix.

Nous nous hâtons de dire que tous les
œils-de-perdrix ne sont pas de même,
car nous en avons vu beaucoup qui n'ont
pas cette apparence.

Le plus grand nombre nous montre
une pointe et son pourtour de la même
nuance que l'endroit atteint ; et, de même

que pour le cor, la pointe n'est pas toujours au centre.

Quelquefois, l'ensemble de l'œil-de-
perdrix est simplement moins teinté que
son pourtour.

D'autres fois il est plus foncé, presque
noir, c'est lorsque, par suite de grande
fatigue, il existe au-dessous du sang
extravasé.

De la place du lieu d'élection.

C'est, comme nous l'avons dit plus
haut, toujours entre les orteils que nous
viennent les œils-de-perdrix ; le plus souvent entre les quatrième et cinquième
orteils, et plus rarement entre les deuxième
et troisième.

Ils sont presque toujours situés soit
entre deux phalanges ou sur la tête d'une
phalange, ce qui produit une légère épaisseur à cet endroit ; cette épaisseur, par
suite de la pression des chaussures, cher-
che à se loger sur l'orteil correspondant
et occasionne ainsi un œil-de-perdrix voi-

sin ; c'est ce qui nous explique pourquoi
nous trouvons presque toujours deux
œils-de-perdrix vis-à-vis l'un de l'autre.

On en rencontre fréquemment entre
les quatrième et cinquième orteils, en
bas à la jonction des deux orteils dans la
partie qui forme le creux ; ils sont plus
gros que ceux situés plus haut ; il y en a
quelquefois jusqu'à trois dans cet endroit.

De la douleur de l'œil-de-perdrix.

Parmi les maux de pieds causés par
les différents genres dont il est question
dans cet ouvrage, la douleur causée par
l'œil-de-perdrix, d'après l'avis de toutes
les personnes affligées de cet inconvénient, est de beaucoup la plus insupportable ; c'est une douleur lancinante, aiguë,
qui fait souvent dire qu'il n'y a rien de
plus douloureux.

De l'inflammation
de l'œil-de-perdrix.

De même que les cors (voir page 29),
les œils de-perdrix peuvent s'enflammer,
c'est-à-dire peuvent devenir suppurants ;
cet état a été remarqué, le plus souvent,
entre les quatrième et cinquième orteils,
et presque toujours la cause doit en être
imputée au manque de soins ou aux soins
mal compris.

A notre avis, par l'excision suivie d'un
pansement, et aussi par l'isolement, en
quelques séances rapprochées, on aura
toujours plein succès de guérison.

De la durée de l'œil-de-perdrix.

En général, si l'on change le genre des
chaussures qui l'ont causé, l'œil-de-perdrix disparaît ; il en est de même souvent
aussi s'il a été excisé dès sa formation et
plusieurs fois de suite.

Mais, quoique étant de moindre durée
que le cor, il y en a cependant qui gênent
pendant un grand nombre d'années.

Traitement.

Nous devons, pour éviter de nous répéter, nous reporter pour le traitement de l'œil-de-perdrix, à ce qui a été dit pour les cors aux paragraphes : de la position à prendre et excision ; en faisant remarquer toutefois que pour exciser l'œil-de-perdrix on n'a besoin que de la spatule n° 2, et de la gouge n° 3.

L'œil-de-perdrix est beaucoup plus difficile à exciser que le cor, parce qu'il est ordinairement mou, et que, pour cette cause, il fuit sous l'instrument, c'est-à-dire que l'instrument a de la peine à

pénétrer ; il faut éviter d'appuyer trop
fort de crainte de blesser.

Il faut donc exciser l'œil-de-perdrix
avec la spatule, l'attaquer avec le bout de
la spatule en faisant un léger mouvement
de va-et-vient, à la même place, en travers, jusqu'à ce que l'instrument pénètre ;
on aura soin de n'enlever que des pellicules minces et souvent répétées, comme
il a été dit, et on continuera ainsi jusqu'à
ce que la pointe elle-même soit enlevée.
On peut ensuite couper les bords avec
les petits ciseaux courbes.

De la nécessité
d'isoler l'œil-de-perdrix.

Lorsque l'œil-de-perdrix a été excisé, il
est nécessaire d'essayer de s'en débarrasser ; pour cela, il faut l'isoler de l'orteil
voisin ; à cet effet, on emploie depuis
longtemps la ouate hydrophile, l'amadou,
la toile fine, une rondelle de taffetas
gommé ou de molleton, ou bien une rondelle en feutre, percée d'un trou au
centre. etc.

8.

Parmi tous ces moyens qui soulagent toujours un peu, la rondelle percée d'un trou au centre, est plutôt mauvaise que bonne, parce que si elle soulage momentanément, elle permet en même temps à l'œil-de-perdrix d'augmenter d'importance et par cela même d'être plus tenace.

Pour la ouate hydrophile on l'emploie de différentes manières soit en entourant entièrement l'orteil où est situé l'œil-de-perdrix, soit en mettant un tout petit coussin sur l'œil-de-perdrix même ; on peut aussi, si l'œil-de-perdrix est situé au milieu de l'orteil, mettre au-dessus et au-dessous un petit coussin léger d'ouate hydrophile.

Mais le meilleur procédé consiste simplement dans l'emploi du papier à cigarettes. Ce papier, outre sa finesse et sa compacité, ainsi que son mode de fabrication, le désignent comme le meilleur des papiers isolateurs. Voici comment nous l'employons : Nous prenons deux feuilles de papier (quelques personnes en prennent une, d'autres trois) que nous plions en quatre ; nous plaçons le côté plié au fond entre les deux orteils et nous rabattons les coins en évitant de faire des plis entre les orteils, on met aussitôt la chaussette ou le bas et cela tient jusqu'au soir; on en met ainsi tous les matins.

Ce système est d'une simplicité très grande, d'un prix minime et, malgré cela, est appelé à rendre de réels services pour ce genre de maux de pieds. Un grand nombre d'œils-de-perdrix, de très mauvais qu'ils étaient, sont devenus insensibles ou ont disparu. Cependant pour certains pieds humides, au bout de quelque temps, on remplacera le papier par de la poudre d'amidon et très peu d'ouate hydrophile; puis au bout d'une huitaine de jours on reprendra le papier.

Médicaments.

Pour les médicaments nous nous bornerons à dire que certaines personnes ont mis du papier Fayard, de la teinture d'iode, du collodion salolé, de la vaseline boriquée, etc., mais cela n'a pas fait grand'chose.

Quant aux médicaments dont il est question dans de précédents paragraphes, il est nécessaire de savoir qu'il ne faut jamais s'en servir pour les œils-de-perdrix, ce serait s'exposer beaucoup, car entre les orteils, la peau est fine et les nerfs nombreux.

Oignon.

Tumeur douloureuse située principalement entre la base du gros orteil et le premier métatarsien, c'est-à-dire au niveau
de l'articulation métatarso-phalangienne,
sur le côté interne du pied, et qui consiste
en un gonflement formant une masse
tuméfiée et mollasse ou aussi parfois
dure.

Quelquefois il n'y a aucune pointe,
d'autres fois il y en a plusieurs ; souvent
la surface est disposée en lamelles ou
feuillets avec parties planes indurées ;
d'autres fois la surface est lisse et parse-
mée de petites pointes arrondies ou coni-
ques, inégales, ou bien encore d'une pointe
plus importante au centre.

On rencontre aussi des oignons du côté externe du pied entre la base du petit orteil et le cinquième métatarsien, au niveau de l'articulation. En raison de l'endroit où il est situé, cet oignon est toujours moins important que l'oignon du côté du gros orteil.

De l'inflammation de l'oignon.

Souvent l'oignon, même celui qui n'a ni pointes ni duretés, à la suite de marches forcées ou à cause de chaussures trop courtes ou trop étroites ou simplement par la fatigue, s'enflamme et devient très rouge et gonflé, il se forme bientôt un liquide sous-jacent, qui peu à peu amincit la peau ; puis enfin celle-ci s'ouvre au niveau du sommet de la tumeur et donne issue à un liquide séro-sanguinolent.

Dans ces conditions la marche est presque impossible, aussi des douleurs intolérables endurées ont-elles quelque-

fois, rendu nécessaire une opération chirurgicale.

De la déviation latérale
du gros orteil.

(*Hallux-valgus.*)

L'oignon se produit et se développe à
la suite de la déviation des os : phalange
du gros orteil et premier métatarsien.

On ne rencontre pas de déviation méta-

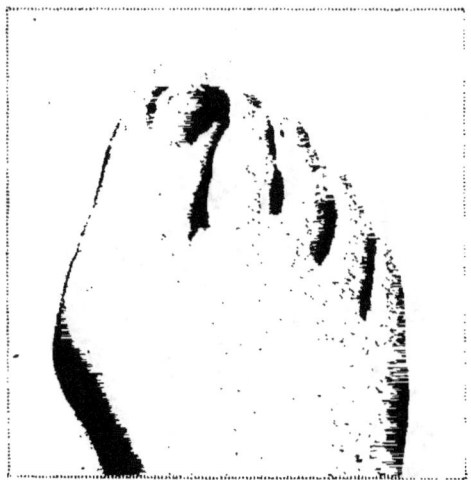

Fig. 26. — Pied d'une jeune fille de dix-huit ans
avec commencement d'oignon.

tarso-phalangienne latérale du gros orteil
chez les jeunes enfants, ce n'est que plus
tard, lorsque les chaussures ont commencé
peu à peu, par suite, surtout, de leur jus-
tesse, à amener la phalangette du gros
orteil vers le centre du bout du pied, que
la déviation se dessine.

En grandissant elle s'accentue au point
de gêner un peu. A ce moment en chan-
geant les chaussures incriminées on ob-
tient le soulagement désiré.

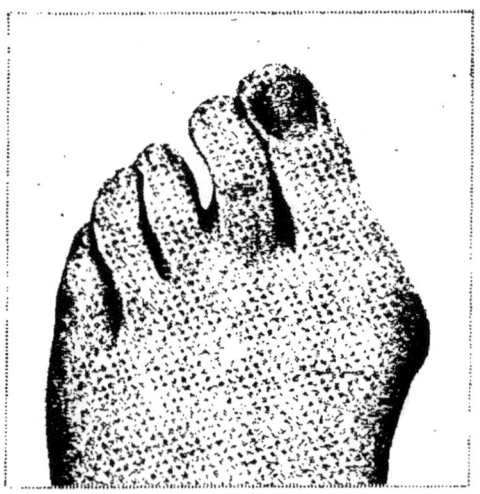

Fig. 27. — Pied d'une jeune femme de vingt-cinq
ans avec commencement d'oignon.

Puis vient l'adolescence et avec elle commence le martyre de nos pieds : on dirait presque qu'à cet âge, d'accord avec nos cordonniers, nous avons comme objectif de les ramener à leur grandeur primitive.

Aussi est-ce vers cette époque que nous voyons se produire les premiers accidents un peu douloureux. Nous devons dire que les jeunes filles sont en plus grand nombre victimes de ces déformations.

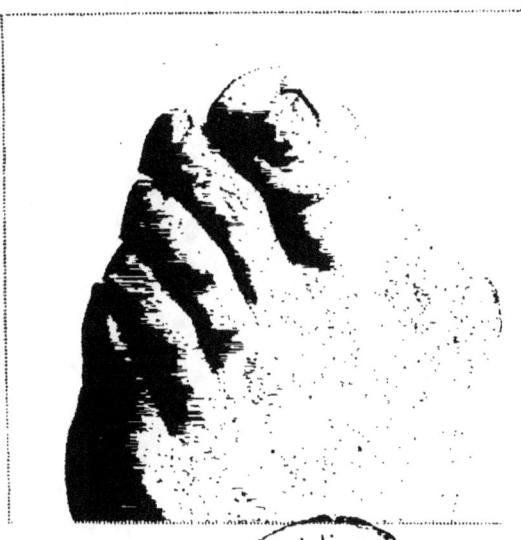

Fig. 28. — Pied d'une femme de quarante-cinq ans avec oignon.

9

Enfin l'âge adulte nous montre cette infirmité complètement acquise ainsi que l'oignon ; cette déviation, par suite de l'angle formé, se dessine alors dans la chaussure au point que, malgré tout l'art déployé par le meilleur cordonnier, l'on voit saillir cette bosse en dedans du pied.

Cependant ce qui vient d'être dit n'est pas la règle générale, car on a vu souvent des déviations latérales du gros orteil se produire, en peu de temps, à la suite de rhumatisme ou d'arthritisme.

Traitement.

Pour le traitement des oignons ayant
des pointes et duretés, il faudra se reporter aux paragraphes précédents : Position
à prendre et excision.

Autant que possible il ne serait pas prudent de commencer à apprendre l'excision
sur un oignon car il est beaucoup plus
délicat à opérer que les cors ou durillons-
cors ; aussi, dans le cas où il faudrait le
faire, on tâcherait d'enlever modérément
pour commencer, cela soulagera toujours
un peu, puis, par l'habitude on pourra,
par la suite, amener le soulagement
désiré.

Mais exciser un oignon, c'est-à-dire le débarrasser des pointes et durillons, n'est pas suffisant ; il faudrait aussi chercher à redresser peu à peu l'orteil.

Pour cela on a beaucoup essayé, mais aucun appareil n'a pu donner de bons résultats. Autrefois on a fait porter une chaussure spéciale (fig. 29) qu'il fallait mettre sans chaussettes.

Ce brodequin, imaginé par Mellet, portait une semelle de bois ; l'empeigne, lacée

Fig. 29. — Ancien appareil forme chaussure pour redressement du gros orteil.

sur le cou-de-pied, se terminait de manière à laisser les orteils libres, tout en
maintenant fermement le pied sur la
semelle de bois, ainsi que nous le montre
la figure ci-avant ou figure 29.

On a fait un autre appareil dur qui mar-
tyrisait le pied aussitôt qu'il était dans la
chaussure et avec lequel il était impossible
de marcher (voir fig. 30).

Plus tard, pour remplacer ces appareils

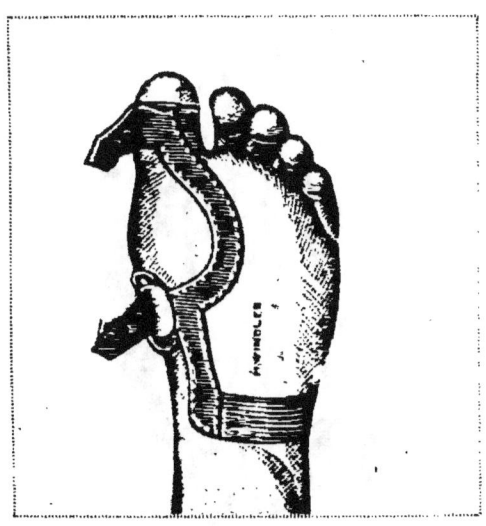

Fig. 30. — Ancien appareil cuir et acier pour
redressement du gros orteil.

9.

défectueux, on a fait porter un appareil plus simple, appelé appareil de Bigg, mais qui était tout aussi gênant (voir fig. 31).

Dans cet appareil nous voyons un levier d'acier mince étendu le long du bord interne du pied, depuis le niveau de la malléole interne (cheville) jusqu'au bout de l'extrémité du gros orteil.

La partie postérieure de ce levier est assujettie à l'aide d'une large bande de coutil lacée sur le cou-de-pied ; la por-

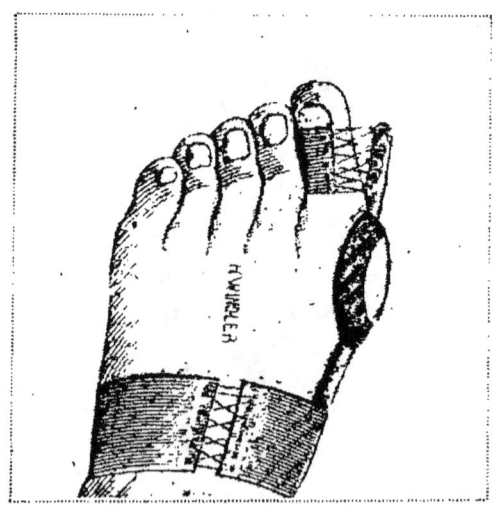

Fig. 31. — Autre appareil coutil et acier pour redressement du gros orteil.

tion antérieure du levier est trempée en ressort et reçoit l'attache d'une courroie lacée qui embrasse transversalement le gros orteil.

Nous avons vu des petits appareils tout en acier avec tige articulée, qui, à première vue, semblaient s'adapter parfaitement et qui n'ont pu être supportés un seul instant, car pour s'en servir efficacement, il aurait fallu marcher pieds nus.

On a également essayé un genre de semelle souple et assez forte dans laquelle se trouvait au bout, un logement pour le gros orteil ; cette semelle devait se mettre à nu avant la chaussette, mais l'inconvénient était que pendant la marche, elle tournait peu à peu autour du pied et ne servait au bout de quelque temps qu'à gêner ; de même pour d'autres semelles fixées de différentes façons et auxquelles personne n'a jamais pu s'habituer.

Puis encore certains genres de bandages qui n'ont pas fait mieux.

Et enfin un autre système qui a été essayé maintes fois, consistait à interposer

entre le gros orteil dévié et le deuxième
orteil, un tampon d'ouate, qui, ayant
pour but de redresser le gros orteil, occa-
sionnait, au contraire, la déviation du
deuxième orteil, car outre que le gros
orteil est de beaucoup plus résistant, la
chaussette et la chaussure de leur côté fai-
saient également pression.

Nous avons souvent réussi pour de
jeunes personnes à redresser le commencement de déviation latérale du gros orteil
par le moyen simple suivant : sachant qu'en
regardant le pied nu libre (voir fig. 32),
on remarque que le gros orteil dévié ne
serre pas, à proprement parler, le deuxième
orteil, et qu'aussitôt le pied couvert par le
bas ou la chaussette, ce même orteil est
comme bloqué contre ses orteils voisins
(voir fig. 33), nous avons imaginé de sépa-
rer celui-ci de ceux-là, aussitôt même le
bas mis ; pour cela nous avons fait faire
un bas spécial avec le pouce détaché,
de manière que le gros orteil soit seul recouvert, d'une part, et que, d'autre part,
les quatre orteils se trouvent ensemble, ce
qui fait que ce bas, une fois mis, nous pou-

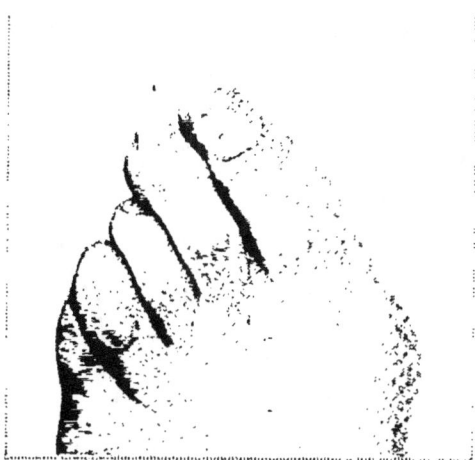

Fig. 32. — Bout de pied avec commencement
d'oignon.

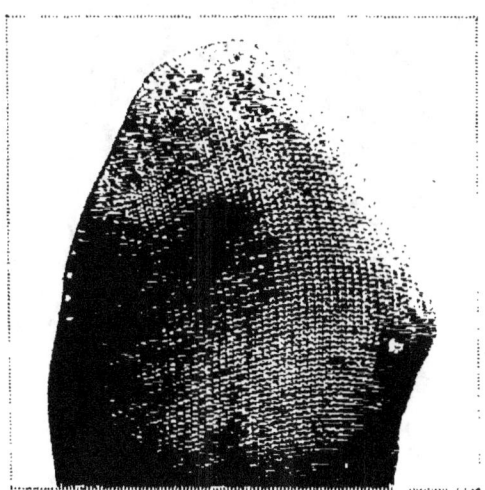

Fig. 33. — Bout de pied figure 32 avec un bas
ordinaire.

vons passer le doigt dans l'intervalle du
gros orteil et du deuxième jusqu'à leur
base (voir fig. 34).

Au bout de quelque temps, s'il faut redresser un peu plus, on peut le faire en
mettant un tampon d'ouate entre ces deux
orteils, par-dessus le bas. Puis, détail

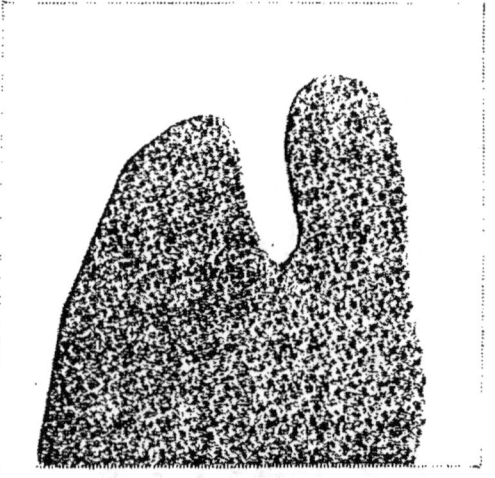

Fig. 34. — Bout de pied figure 32 avec le nouveau
bas de Girardot[1].

1. On trouve ce bas ou chaussette à un pouce
(ou bas Girardot) chez Lafont, rue Saint-Honoré,
98, Paris.

très important, on fait porter des chaussures à la nouvelle forme du pied.

En prenant des chaussures un peu plus
longues et en mettant au bout un tampon
d'ouate collé, le bout du pied se trouve
ainsi dans la partie large (et peut parfaitement suffire).

Médicaments.

De même que pour les œils-de-perdrix, il est recommandé, pour l'oignon, de ne pas se servir de médicaments caustiques ; les seuls employés et permis sont : la teinture d'iode, l'emplâtre de savon, le papier chimique, etc.

En cas d'inflammation, des cataplasmes émollients, et, après l'évacuation du pus, pansement antiseptique.

De la verrue (papillomes)

La verrue de pied se distingue du durillon-cor parce qu'à la place de la pointe que l'on trouve habituellement au centre, ou à peu près, du durillon, on remarque au centre d'une large surface, dont le toucher donne une sensation d'épaisseur assez dure, une partie ronde qui peut atteindre jusqu'à 15 millimètres de diamètre ; la teinte de ce fond est ornairement plus claire que les parties environnantes et se montre rempli de pointes fines, resserrées, compactes avec

un bord qui les contient et nous en indique à peu près l'importance.

En pinçant légèrement l'endroit où siège
la verrue, on sent, entre les doigts, une
sorte de noyau induré, aplati, s'enfonçant
dans l'épaisseur du derme.

La verrue de pied ne ressemble aucune-
ment à la verrue des mains ; celle-ci, en
effet, est toujours en saillie et pousse en
élévation ; la verrue du pied, au contraire,
est tout d'abord à fleur de peau, plus
large, et pénètre peu à peu dans l'intérieur
du pied.

La grosseur aussi est toute différente,
car la verrue du pied est toujours beaucoup plus grosse et plus importante que
la verrue des mains.

Dans un grand pensionnat où nous
avons été envoyé par un docteur, nous
avons vu sous la plante du pied d'une
jeune fille de dix-huit ans environ, sous
la tête du premier métatarsien, en arrière
de l'articulation métatarso-phalangienne,
une verrue, qui, en plusieurs années, était
arrivée, par une croissance continue, à se
loger dans le sens de la longueur du pied

jusque sous le milieu de la voûte. Un pli
s'était formé par la pression et c'est dans
ce pli que la production s'était placée ; sa
longueur était de 6 à 7 centimètres et
sa largeur, qui, à la base de la verrue
pouvait avoir 12 millimètres environ,
n'en n'avait que 6 à sa terminaison ; son
aspect était jaune, dur, ligneux, aplati et
rempli d'irrégularités.

La marche avec des chaussures habil-
lées était impossible depuis longtemps ;
en quinze jours, nous avons supprimé
cette production, et, au bout de quelques
mois, on n'en voyait plus trace.

Du siège de la lésion.

Sur les orteils les verrues sont très
rares et ne durent généralement pas longtemps, elles n'ont pour ainsi dire pas d'at-
taches ; aussi les trouve-t-on presque
toujours à la plante du pied, sur les bords
internes et externes vers le talon.

Sous le talon nous n'en avons vu que
quelques-unes, et le plus grand nombre
occupe la place comprise entre la base des

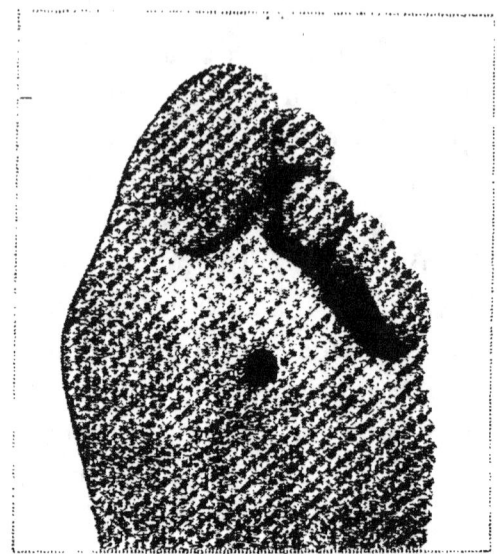

Fig. 35. — Bout de pied avec une verrue
sous la plante.

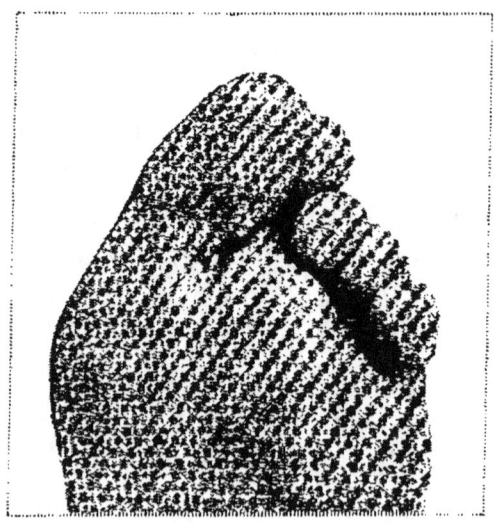

Fig. 36. — Après le traitement.

orteils et le commencement du talon, c'est-à-dire sous les métatarsiens et la voûte du pied.

De la reproduction de la verrue par elle-même.

Nous avons vu, certes, beaucoup de personnes qui nous ont consulté pour une seule verrue à un seul pied ; ces personnes avaient ces verrues depuis plus ou moins longtemps, toutes sans exception ont été guéries.

Mais nous avons vu aussi des personnes en avoir plusieurs au même pied, et même aux deux pieds.

Nous nous rappelons le cas d'une dame d'un certain âge qui en avait cinq à un pied, deux grosses et trois petites, depuis près de deux ans.

Elle avait essayé plusieurs traitements médicaux sans résultat, et s'était même adressée à un chirurgien, qui avait diagnostiqué : eczéma corné, parce que les différents traitements anciens en avaient modifié l'aspect.

10.

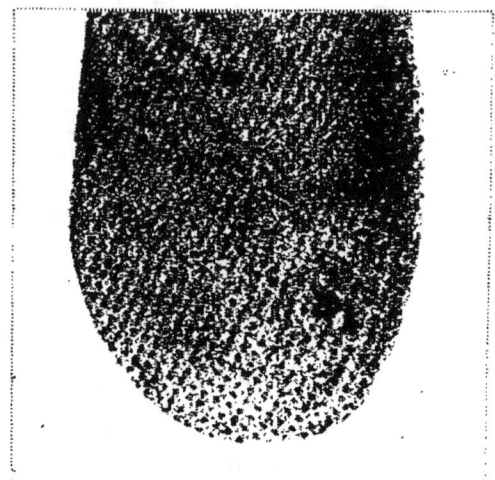

Fig. 37. — Talon avec une verrue.

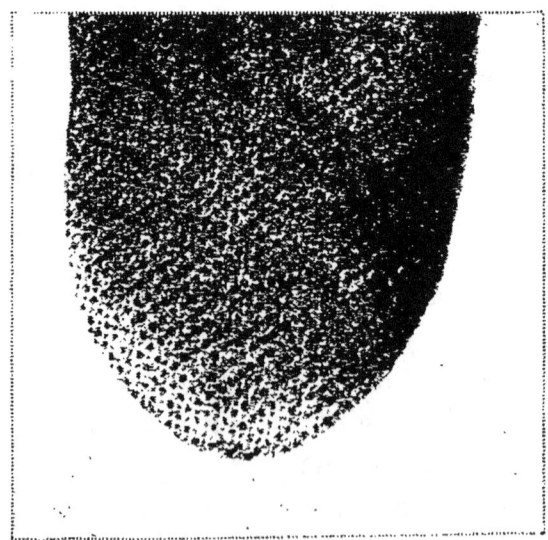

Fig. 38. — Talon après le traitement.

Nous avons désigné à cette dame les deux verrues qui étaient venues les premières et aussi pour les trois autres celle qui avait été la verrue productrice. Connaissant alors les deux verrues mères nous leur avons appliqué notre traitement habituel, sans nous occuper des trois petites et six jours après elles avaient toutes disparu sans jamais récidiver.

Nous avons encore vu des personnes ayant deux verrues à chaque pied; il y en avait également une grosse venue première, et l'autre quelques mois après. Dans chaque pied nous n'avons soigné que la verrue mère et les quatre ont été guéries.

Le cas qui nous a le plus intéressé et que nous avons eu l'occasion de voir il y a quelques années, est celui d'un jeune attaché diplomatique qui avait neuf verrues sous un pied et quatre à l'autre. Les neuf verrues étaient venues par les quatre grosses qui avaient produit les cinq autres ; aussi n'avons-nous soigné que quatre verrues sur neuf à un pied et deux sur quatre à l'autre. Quinze jours après

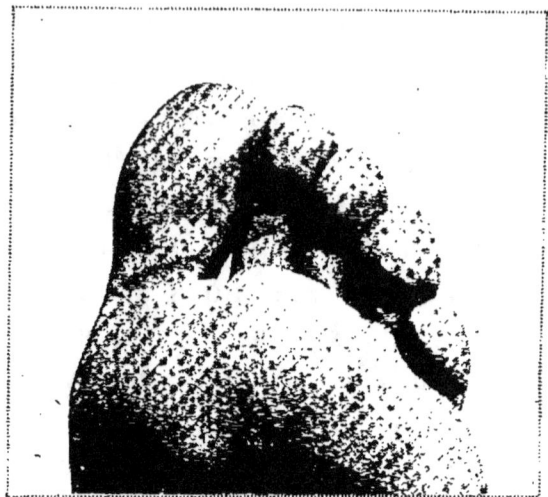

Fig. 39. — Verrue sous le quatrième orteil.

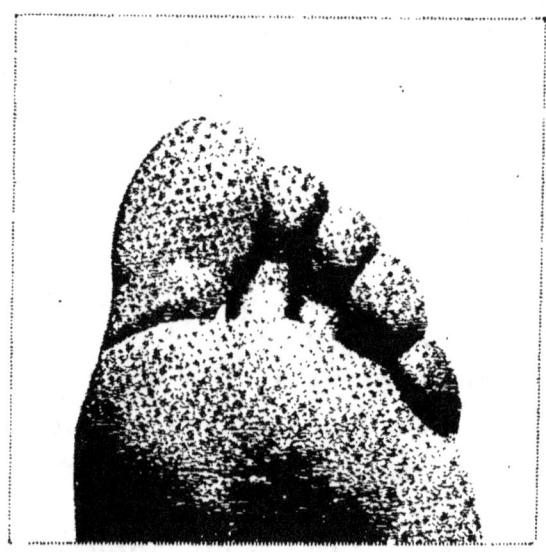

Fig. 40. — Après le traitement.

nos soins, toutes ces verrues avaient disparu.

Statistique comparative.

Nous avons remarqué que l'âge adulte
fournit le plus grand nombre de verrues
de pied, et si nous prenons pour base le
nombre cinquante nous verrons :

Cinq enfants de treize à seize ans.

Vingt-cinq jeunes gens et hommes
jeunes.

Quinze jeunes filles et jeunes femmes.

Cinq personnes d'un certain âge.

Nous avons donc constaté que les hommes jeunes sont en plus grand nombre
affligés de cette gênante verrue.

Traitement.

Le traitement de la verrue comporte deux phases : l'excision et la cautérisation.

L'excision soulagera toujours parce qu'elle diminue l'épaisseur de la partie sensible, mais ce soulagement est de courte durée, car la verrue pousse très rapidement; aussi les personnes qui ont enlevé elles-mêmes par le moyen de l'excision, une partie de l'épaisseur, nous ont-elles toujours dit qu'elles n'étaient soulagées que pour un jour ou deux au plus.

Si, en faisant l'excision soi-même, on fait saigner un peu la verrue, cela n'a pas d'importance, car toujours le sang s'arrête bientôt de lui-même; mais il faut que l'opérateur, quel qu'il soit, évite que

ce sang soit en contact avec ses doigts,
car il nous est arrivé, par deux fois, au
même doigt, à cause de ce sang, d'avoir
eu un commencement de verrue, peu
sérieuse du reste, puisque nous nous en
sommes débarrassé en quelques jours.

La cautérisation est beaucoup plus importante et demande une très grande
habitude et par suite une habileté que
nous ne pouvons donner à nos lecteurs
sans la pratique. Nous conseillerons donc
d'être prudents dans le choix des opérateurs.

De la déviation des orteils.

Notre petit travail ne serait pas complet si nous ne disions quelques mots sur les déviations d'orteils que nous voyons chaque jour et sur les moyens d'y remédier.

Dans notre longue pratique nous avons vu des pieds de toutes sortes, des grands, des petits, des gras et des maigres; très peu sont parfaitement constitués.

Le plus grand nombre est caractérisé par l'irrégularité de la position des orteils, puis viennent les pieds dont les déviations plus importantes sont désignées sous le nom de chevauchement des orteils.

Les pieds dont les orteils sont parfaitement droits et régulièrement placés côte à côte sont assez rares ; généralement, les orteils sont encastrés les uns dans les autres, chaque orteil épousant les moindres défauts et déformations de son voisin.

Assez souvent le cinquième orteil, ou petit orteil, se place sous le quatrième, d'autres fois il est au-dessus.

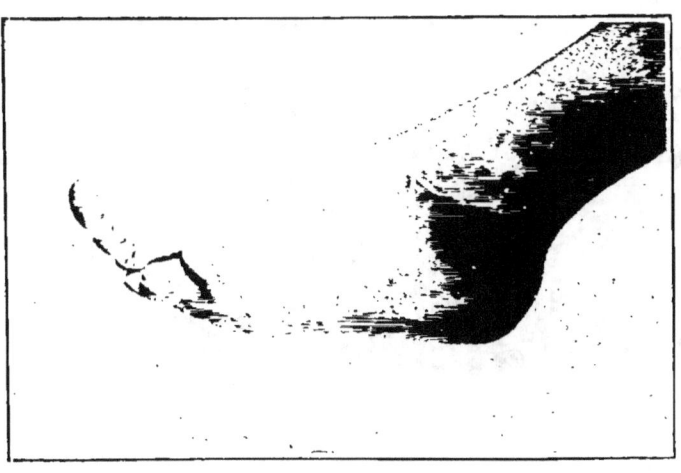

Fig. 41. — Pied gauche dont le cinquième orteil est placé sur le quatrième.

Quelquefois on n'aperçoit que quatre orteils sur cinq, et pour trouver immédiatement le manquant, il faut regarder en dessous, à la plante du pied ; souvent c'est le deuxième orteil qui est recouvert par le premier et le troisième orteil ; d'autres fois c'est soit le troisième soit le quatrième qui sont ainsi cachés par les orteils environnants.

Un cas très fréquent pour le deuxième orteil est celui que nous donnons par la

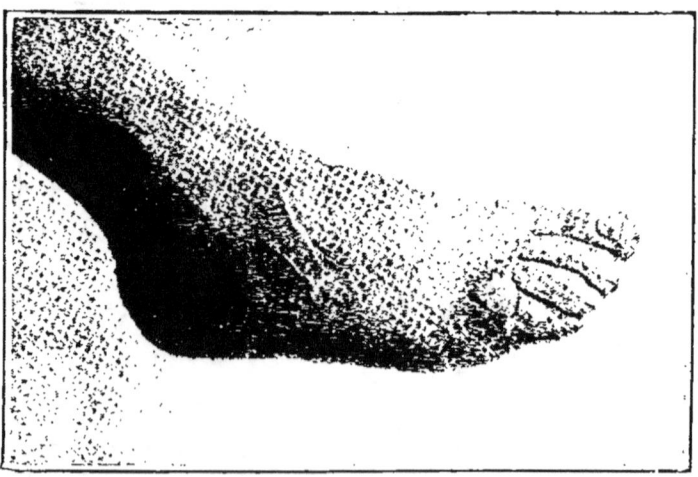

Fig. 42. — Pied droit dont le cinquième orteil est placé sur le quatrième.

figure 43, où il se trouve au-dessus du troisième, et par la figure 44, où il se trouve au-dessus du premier.

Les chaussures trop courtes ou trop étroites sont toujours la cause des difformités des orteils. La pression répétée longtemps au même endroit amène peu à peu ces déviations d'orteils, et aussi, en même temps, de la gêne et même de la douleur, car souvent, cette pression contribue à la formation de durillons

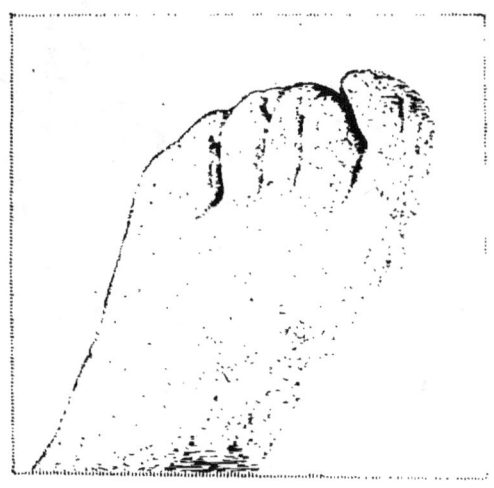

Fig. 43. — Bout de pied où le deuxième orteil est placé sur le troisième.

gênants et même de cors très sensibles.

La conformation de certains pieds pré-
dispose souvent à ces déviations; et en
outre, si la chaussure est mal comprise,
on verra bientôt se dessiner la déformation; dans ce cas il faut changer immédiatement la chaussure.

Ces déviations d'orteils sont, du reste,
très fréquentes, elles sont de tous les
genres, déformant les pieds les mieux
conformés; aussi devons-nous dire que

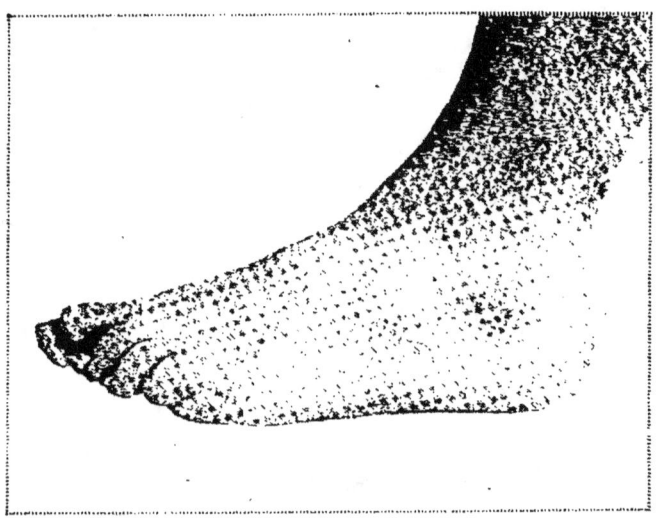

Fig. 44. — Pied dont le deuxième orteil est placé
sur le premier.

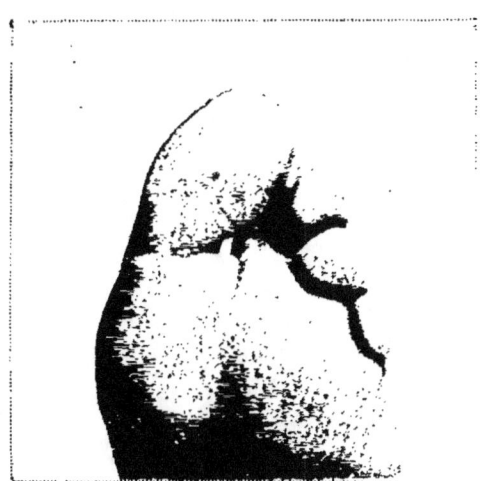

Fig. 45. — Pied déformé en pointe.

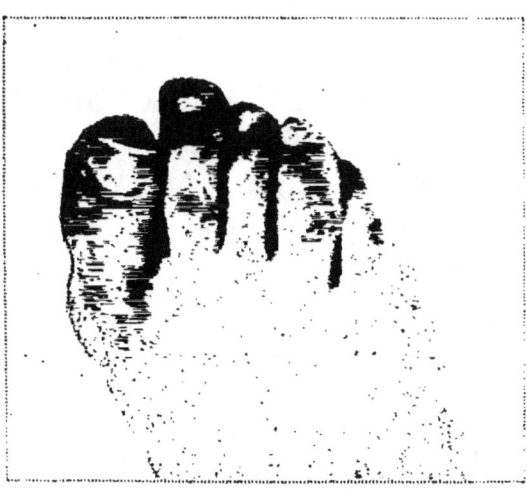

Fig. 46. — Pied carré du bout.

11.

les plus petites chaussures n'abritent pas toujours les plus beaux pieds.

Traitement.

En général, ces différentes déformations ne sont pas gênantes ; nous connaissons beaucoup de personnes, atteintes de ces déviations très prononcées, qui n'en sont nullement incommodées.

Cependant, lorsque par suite d'une déviation, un orteil deviendra douloureux, il faudra, dès le début de la douleur, redresser cet orteil et le remettre dans sa position normale ; pour cela, au moyen de bandes de toile, batiste ou linon

et avec de la ouate, on entrelace les orteils
de façon que les orteils non déviés servent
de renfort et de soutien à l'orteil que l'on
veut redresser ; la ouate sert à empêcher
la bande de se dérouler, et aussi, en forme
de tampon, pour relever l'orteil ; il faut
en même temps changer la chaussure déjà
portée, car les logements des saillies de
l'orteil dévié étant acquis, celui-ci, malgré
les bandes, se replacerait constamment
dans la direction première.

Ce traitement doit se continuer pendant
une assez longue période et plus on
avance, plus on resserre méthodiquement
l'appareil, car si nous voulions le redresser
trop vivement, nous empêcherions la marche.

De cette façon, avec de la patience, le
pied reprend peu à peu, insensiblement,
sa position naturelle et recouvre ses mou-
vements habituels.

Cependant, ce traitement, très convena-
ble pour des déviations légères, ne sera
d'aucune utilité pour les cas plus importants de déviations anciennes ou datant
de l'époque de la naissance ; l'orthopédie

est alors applicable et si elle n'est pas suffisante on devra avoir recours à la chirurgie.

De l'orthopédie.

Nous venons de parler de l'orthopédie à propos des déviations des orteils, nous croyons devoir, dans un chapitre spécial, donner quelques notions sur les principales déformations du pied.

L'orthopédie est une branche de la chirurgie, elle consiste à corriger ou à prévenir les difformités du pied.

Ces difformités sont de deux sortes :

1° Congénitales (héréditaires).

2° Acquises.

C'est dans les premières qu'on trouve généralement les plus importantes déformations.

On entend par pied-bot, une déviation permanente qui empêche, pendant la marche, la plante du pied d'appuyer en entier sur le sol.

Il y a quatre sortes ou variétés de pieds-bots.

1° Le pied-bot équin qui ne repose sur le sol que par l'extrémité antérieure du pied.

2° Le pied-bot talus, qui, comme son nom l'indique, ne s'appuie sur le sol que par le talon.

3° Le pied-bot varus qui est dévié en dedans.

4° Et enfin, le pied-bot valgus qui est dévié en dehors.

Ces différents pieds-bots présentent, parfois, deux genres de déviations ; on les désigne dans ce cas, par les deux noms à la fois. On dira, par exemple : pied-bot varus-équin, ce qui veut dire, pied dévié en dedans et marchant en même temps sur l'extrémité des orteils.

Ces malformations se rencontrent naturellement chez les adultes ; toutefois, elles se montrent souvent chez les enfants : de là le nom d'orthopédie.

D'autres maladies affectent encore le pied, ce sont :

Le pied plat.

Le pied creux.

On désigne sous le nom de pieds plats, les pieds dont la voûte plantaire a disparu en partie ou d'une façon complète, et qui en raison de cette conformation, appuyent sur le sol, dans la station debout, par la totalité de leur face plantaire.

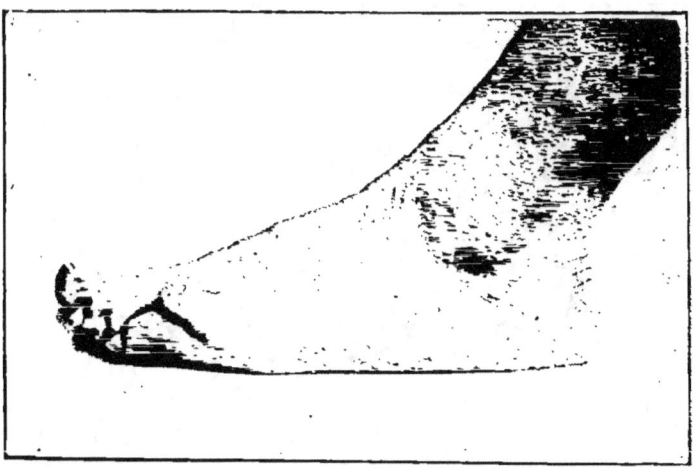

Fig. 47. — Pied plat, gauche, avec le cinquième orteil sur le quatrième.

Le pied plat est, de tous les cas dont
nous venons de parler, celui que nous
avons le plus souvent remarqué, aussi
bien chez des jeunes gens que chez des
personnes d'un âge mur.

Chez les uns, cette difformité est venue
graduellement, chez les autres, au contraire, elle s'est manifestée spontanément
à la suite d'une grande fatigue ou d'un
accident.

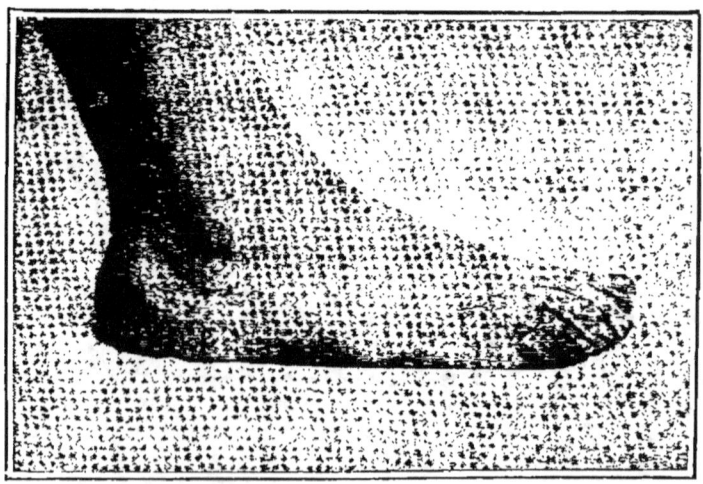

Fig. 48. — Pied plat, droit, avec le cinquième
orteil sur le quatrième.

Cet état de déviation est cause de prompte fatigue durant la marche.

Par pied creux on désigne celui qui est caractérisé, au contraire, par l'exagération de la voûte plantaire et, en même temps, par la saillie très prononcée du cou-de-pied.

Dans les cas exagérés de pied creux, la surface d'appui étant diminuée, la pression est d'autant plus forte au niveau des points sur lesquels elle s'exerce ; d'où la fréquence de durillons et durillons-cors ; en outre dans ce cas la fatigue de la marche survient rapidement.

Le pied creux est beaucoup plus rare que le pied plat.

C'est généralement vers la seconde enfance que cette difformité se rencontre et elle augmente avec les années.

En même temps, les orteils et le cou-de-pied se déforment.

On ne saurait croire ce qu'il y a de durillons sous les appareils orthopédiques ; nous en avons vu, on le comprend bien, de toutes les formes et de toutes les varié-

tés et, ce qui est surtout remarquable,
c'est l'extrême sensibilité à l'excision ;
aussi, l'opérateur le mieux exercé devra-
t-il toujours agir avec la plus grande attention possible, afin de ne pas provoquer de
douleur et d'éviter des petites hémorragies.

Traitement.

L'orthopédie a pour but, de rendre au pied-bot sa forme et ses fonctions, au pied plat son redressement et au pied creux sa voûte normale.

On distingue l'orthopédie préventive, qui utilise les moyens physiques, et l'orthopédie curative, plus importante, qui est du domaine de la médecine chirurgicale orthopédique.

Le traitement se compose de deux parties :

1° Redresser la difformité ;

2° La maintenir.

Parmi les différents moyens de traitement, nous citerons : le massage, les bandages, les manipulations spéciales, et enfin les appareils ; tous ces moyens seront employés chez les nouveau-nés, quelques mois après la naissance, et chez les autres dès l'origine de la déformation.

Le massage et les manipulations devront toujours être faits avec ménagement ; il vaut mieux faire des séances courtes, (cinq à dix minutes) et les répéter plusieurs fois par jour ; aussitôt que l'on aura obtenu un résultat appréciable, il sera nécessaire de le maintenir au moyen d'un bandage approprié.

Les appareils pour redressement du pied-bot sont très nombreux; pour chaque cas spécial, on n'a que l'embarras du choix ; le principal est de construire, et le plus tôt possible, l'appareil qui convient à chaque cas.

Parmi les principales maisons de vente des chaussures orthopédiques de Paris, nous recommanderons spécialement les maisons dont les noms suivent :

Abrioux et Perret, 31, rue de Seine.

Bruyge, 79, rue Boursault.

De Metser, 10, rue Joubert.

Heinen, 126, boulevard Saint-Germain, etc.

Nous devrons ajouter qu'il y a des cas, pour les enfants surtout, où il est nécessaire d'intervenir d'une façon chirurgicale.

Ces opérations, d'après les spécialistes, ne doivent être tentées qu'à partir de l'âge de trois mois, et, quoi qu'il en soit, les appareils devront toujours être portés longtemps.

Nous avons eu l'avantage de rencontrer un appareil parfait contre l'infirmité du pied plat, et l'avons recommandé à un grand nombre de personnes qui s'en sont si bien trouvées qu'elles l'emploient toujours ; c'est l'appareil de redressement du Dr Maurice Bloch. « Cet appareil, écrivait un chirurgien célèbre, est une des conquêtes les plus importantes de la chirurgie orthopédique ; il constitue pour les malades un véritable bienfait, et pour les médecins une ressource unique. »

Il a, d'ailleurs, valu à l'auteur une lettre élogieuse du ministre de la Guerre, parlant au nom du Comité technique de santé, ainsi que les félicitations de l'Académie de Médecine, sur un rapport du grand chirurgien Péan.

Je ne ferai pas, dit l'auteur, une description détaillée de cet appareil qu'on trouvera ci-après reproduit par la figure 49 : nous nous contenterons de dire qu'il diminue le diamètre transverse plantaire en

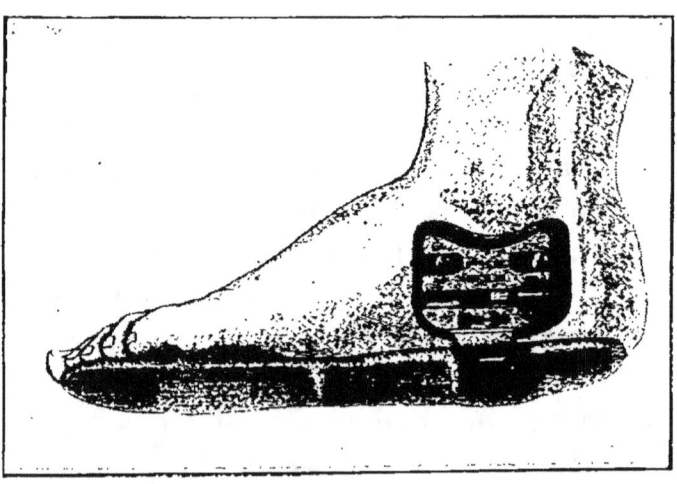

Fig. 49. — Appareil de redressement du pied plat,
du Dʳ Maurice Bloch.

refoulant les cunéiformes sur le cuboïde, c'est-à-dire les petits os du tarse de dehors en dedans.

Le Dr Maurice Bloch a d'ailleurs continué ses recherches sur les maladies du pied et des membres inférieurs, et il arrive par ses méthodes à faire des guérisons vraiment remarquables.

Transpiration des pieds.

(Hyperhidrose plantaire).

Beaucoup de personnes ont l'inconvénient de transpirer des pieds d'une façon gênante. Quelquefois cette transpiration exhale une odeur désagréable, presque insupportable.

Nous n'avons pas ici à rechercher la cause de cet état de choses, qui, sans être une maladie, appartient néanmoins à l'état général, se présentant sous forme d'incommodité désagréable ; aussi, les personnes atteintes de transpiration exagérée, aux pieds, en sont-elles très affectées.

Souvent, nous avons vu des pieds dont les orteils, le tour des ongles et une partie de la face plantaire, avaient l'épiderme rongé inégalement, ramolli, formant de petites élévations côtelées vermiculaires, dures, blanchâtres, insensibles à l'excision. D'autres fois l'épiderme situé entre les orteils s'enlève et laisse le derme à nu, la plante du pied est rouge et gonflée ; et enfin, le plus souvent, les pieds et les orteils ne sont que très légèrement modifiés et cependant la transpiration est tenace.

Traitement.

Lorsqu'il s'agit de cas simples, peu importants et c'est heureusement le plus grand nombre, on se bornera à une excessive propreté aussi bien de la peau des pieds que du linge qui devra être changé très souvent.

On préférera aux bains de pieds chauds prolongés, qui ont le défaut de ramollir, le lavage avec une serviette trempée dans de l'eau simplement dégourdie et l'essuyage rapide.

Les épidermes n'étant pas toujours les mêmes, on pourra essayer les différents moyens suivants :

1° On essayera les bains de pieds, courts, tièdes avec une pincée d'alun.

2° Les lotions à l'alcool sont également bonnes.

3° Un bon moyen à employer consiste en ablutions froides, boratées, suivies de saupoudrage avec l'une des poudres suivantes : amidon, talc ou lycopode, ou bien avec le mélange suivant :

Acide salicylique.	3 gr.
Amidon pulvérisé	10 —
Talc pulvérisé	87 —

4° Autre moyen. On savonnera deux fois par jour avec l'acide phénique sous forme de savon et l'on saupoudrera avec le mélange suivant :

Acide salicylique.	3 gr.
Alun pulvérisé.	5 --
Naphtol B.	5 --
Borate de soude	10 —
Amidon.	10 —
Talc pulvérisé	60 —

5° On aura chaque matin la précaution de s'enduire les pieds avec un corps gras :

axonge, vaseline ou lanoline et on saupoudrera ensuite largement comme ci-
avant (page 143).

Pour les cas plus prononcés nous aurons
recours aux moyens préconisés par la médecine en ayant soin d'être prudents dans
notre choix, afin d'éviter la suppression
complète de la transpiration.

1° Porter des chaussettes que l'on change
tous les jours et dont on saupoudre l'intérieur, tous les matins, avec la poudre
suivante :

Talc pulvérisé	5 gr.
Permanganate de potasse . .	10 —
Sous-nitrate de bismuth . .	25 —

ou celle-ci :

Acide salicylique	30 gr.
Talc pulvérisé	70 —
Amidon pulvérisé	90 —

2° Badigeonner entre les orteils, matin
et soir, avec :

Eau distillée	200 gr.
Bichromate de potasse . . .	30 —
Essence de lavande	1 —

ou avec celle-ci :

Glycérine	10 gr.
Perchlorure de fer liquide. .	30 —
Essence de bergamote . . .	20 —

3° Pendant deux jours bains de pieds presque froids avec de l'eau de feuilles de noyer ; le troisième jour, badigeonnage avec :

Baume du Pérou	1 gr.
Acide trichloracétique. . .	1 —
Acide formique	5 —
Hydrate de chloral	5 —
Alcool	100 —

4° Frictionner deux à trois fois par jour avec la préparation suivante :

Eau de Cologne	120 gr.
Teinture de belladone . . .	25 —

5° Laver les pieds le soir au coucher avec la solution suivante :

Hydrate de chloral	2 gr.
Eau distillée	200 —

et les envelopper dans une serviette imbibée de cette même solution.

Avant de marcher saupoudrer les pieds avec l'une des poudres dont il a été question plus haut (page 144).

6° Nouvelle recette recommandée.

Formol . . . . 30 gr.
Eau de Cologne . . . . . . 60 —

En badigeonnage une seule fois, ou deux fois, à quinze jours d'intervalle.

7° Il est recommandé de tremper un pinceau de coton absorbant dans :

Acide chromique . . . . . 10 gr.
Eau distillée . . . . 100 —

et de badigeonner la plante des pieds, les orteils et les parties environnantes, quand le cas est grave, toutes les deux ou trois semaines, et seulement toutes les six ou huit semaines s'il est léger.

Des engelures.

Les jeunes gens et les jeunes filles d'une constitution lymphatique sont particulièrement sujets aux engelures.

Le froid excessif détermine sur nos tissus des lésions désignées sous le nom d'engelures ; une rougeur violacée de la peau, un léger gonflement du derme où se développe, par la chaleur, une démangeaison très vive, constituent le premier degré d'engelures ; chez un grand nombre de personnes il n'occasionne pas autre chose ; mais le mal quelquefois s'aggrave chez les enfants et les sujets prédiposés, jusqu'à former des gerçures et des crevasses.

Par la pression les engelures deviennent
blanches pour reprendre leur teinte rougeâtre aussitôt qu'elle cesse ; elles siègent
aux pieds, de préférence sur les orteils, et
aussi au talon.

Les engelures se développent plus ou
moins lentement, il est facile d'en observer tous les progrès ; elles commencent
par une petite surface teintée à peine en
rose et s'accompagnent de chaleur et d'un
léger gonflement ; bientôt quelques démangeaisons s'y font sentir ; malgré soi
on y porte la main, et on va même jusqu'à se déchausser, pour se gratter, afin
de calmer ces démangeaisons qui, de plus
en plus vives, deviennent intolérables.
Le mal se propage alors plus profondément, la tumeur grossit et acquiert même
le volume d'un engorgement superficiel,
avec rougeur congestive ; l'engelure est
alors dans toute son intensité, et souvent
elle reste ainsi stationnaire.

D'autres fois, faute de soins, l'engorgement est plus profond, et il se forme
bientôt des excoriations appelées gerçures et des fentes de l'épiderme appe-

lées crevasses, avec ou sans ulcération.

L'habitude de se réchauffer les pieds en les mettant sur des chaufferettes ou devant un grand feu est pour beaucoup dans cette affection ; les hivers humides et doux y prédisposent également. Les changements brusques de température en occasionnent aussi par suite de refroidissement spontané.

Lorsqu'il y a un cor au milieu d'une engelure, la douleur est si forte que si l'on n'intervient pas, elle empêche la marche avec la chaussure habituelle.

13.

Traitement.

On comprend facilement combien il est important de remédier à ces petites infirmités, puisqu'elles causent une gêne des plus pénibles, surtout aux pieds, et en outre parce qu'elles laissent des traces désagréables, et récidivent facilement.

Le traitement se divise en deux parties : le traitement préventif et le traitement curatif.

Dans le traitement préventif on tâchera, par des précautions spéciales, de s'oppo·

ser à la naissance des engelures ou à leur
récidive.

Le plus important est d'éviter de se
chauffer les pieds au feu ; on devrait plutôt avoir recours aux frictions simples ou
avec de l'eau de Cologne, de l'eau-de-vie
ordinaire, de l'eau-de-vie camphrée, d'alcool camphré, de l'eau blanche.

On prévient également les engelures en
évitant les transitions subites du froid au
chaud ou du chaud au froid.

Il faut se tenir les pieds secs, ne pas
conserver des chaussures et du linge
humides.

Les bains de pieds tièdes au gros sel
sont aussi très bons pour empêcher les
engelures.

On évitera souvent les récidives en prenant les précautions suivantes : avant les
premiers froids on se rappellera les endroits où étaient situées les engelures et
on les badigeonnera avec de la teinture
d'iode ; on recommencera aussitôt que la
coloration iodique sera effacée et on continuera de même jusqu'aux grands
froids.

Les personnes dont les pieds sont sujets aux engelures, se trouveront bien de prendre, plusieurs fois par jour, un bain de pieds tiède, additionné d'une décoction d'écorce de chêne et de grenade avec deux grandes cuillerées d'alun.

On ne doit jamais recouvrir les engelures de cataplasmes émollients ni de linges humides.

Le traitement curatif, qui est tout indiqué par un état plus avancé de l'engelure, consiste en applications de substances médicinales appropriées. Cependant nous conseillerons d'essayer différents médicaments jusqu'à ce que nous en soyons satisfaits.

M. le Comte de X..., notre client, nous raconta dernièrement qu'il fit, chez un pharmacien, l'emplette d'une pommade spéciale qui devait certainement guérir ses engelures ; au bout de trois semaines ne voyant aucune amélioration, il dit à son domestique de jeter le restant du pot

de pommade ; celui-ci s'en servit pour lui-
même et fut guéri de ses engelures ; ce
qui prouve que ce qui réussit à l'un n'est
pas bon pour un autre.

Nous donnons ci-dessous, avec une recette qui nous a été préconisée, quelques
formules recommandées spécialement par
MM. les docteurs.

1° Recette.

On met dans un bassin de l'eau assez
chaude, on place ce bassin sur un réchaud
ou sur un feu doux quelconque. On met
alors les pieds dans cette eau et on les y
laisse aussi longtemps qu'on peut l'en-
durer ; lorsque l'eau est trop chaude, on
retire les pieds et on les plonge rapidement dans de l'eau froide, glacée même si
l'on en a ; on les retire aussitôt et on les
essuie soigneusement avec un linge doux,
on les saupoudre d'amidon pulvérisé et on
les enveloppe dans des linges de toile. En
trois ou quatre fois les engelures doivent
être guéries.

2° Formules :

Collodion contre les engelures.

1. Iode métalloïdique . . . .   1 gr.
   Collodion . . . .   40 —

     Autre :

2. Térébenthine. . . . .   3 gr.
   Huile de ricin . . . . . .   20 —
   Collodion . . . .   35 —

Pommade contre les engelures.

3. Amidon . . . .   10 gr.
   Cérat . . . .   30 —

     Autre :

4. Sulfate d'alumine. . . . .   5 gr.
   Cold-cream . . . .   50 —

     Autre :

5. Oxyde de zinc . . . .   2 gr.
   Créosote. . . . .   2 —
   Laudanum Rousseau . . .   2 —
   Axonge . . . .   30 —

Autre :

6. Chlorhydrate de morphine 0 10
   Acide borique . . . . . . 1 gr.
   Oxyde de zinc pulvérisé . 1 —
   Vaseline pure . . . . . . 15 —

   Autre :

7. Extrait de saturne . . . . 2 gr.
   Laudanum de Sydenham . 2 —
   Teinture de benjoin . . . 2 —
   Glycérine . . . . 12 —
   Axonge balsamique. . . . 50 —

Baume contre les engelures.

8. Essence de térébenthine. . 4 gr.
   Acide sulfurique . . . . . 1 —
   Huile d'olives 10

Mixture contre les engelures.

9. Laudanum de Sydenham . 10 gr.
   Iodure de potassium . . . 4 —
   Teinture d'arnica. . . . . 12 —
   Alcool camphré. . . . . . 30 —
   Vin de quinquina . . . . 78 —

Topique contre les engelures.

10. Extrait de saturne . . . .   30 gr.
    Eau-de-vie camphrée . . .   30 —

Autre :

11. Acide hydrochlore . . . .   10 gr.
    Baume de Fioravanti . . .   20 —
    Extrait de saturne . . . .   30 —
    Huile d'olives. . . . . . .   30 —

Pour les engelures ulcérées on pansera avec du cérat saturné ou l'onguent de rhasès.

De l'ongle.

L'ongle est cette portion du tégument externe corné qui recouvre le bout de nos orteils, c'est-à-dire le bout de la deuxième phalange du gros orteil et des troisièmes phalanges des autres orteils ; sa fonction est de protéger les orteils contre les traumatismes et de mettre à l'abri les nombreux nerfs de cette région. Il est composé de lamelles unies solidement entre elles, sans limites distinctes ; chaque lamelle est formée d'une ou plusieurs couches de squames ou écailles aplaties, polygonales,

14

et l'ensemble forme la cellule épithéliale pavimenteuse.

L'ongle se présente sous forme d'une lame qui se moule sur la portion de l'orteil destiné à la supporter; c'est pourquoi cette lame a une tendance naturelle à se courber dans le sens de sa largeur; cette courbure varie suivant les personnes.

C'est un signe de beauté lorsque l'ongle forme presque un demi-cylindre.

Dans le sens de la longueur, l'ongle est légèrement oblique en bas et en avant; lorsqu'on les laisse croître indéfiniment, ils prennent peu à peu une forme qui rappelle les griffes ou les serres de certains animaux.

On divise l'ongle en trois portions distinctes qui sont :

La racine ;
Le corps ;
L'extrémité libre.

La racine est la partie de l'ongle qui est enfoncée dans la chair et recouverte par ce qu'on appelle la matrice unguéale.

Le corps de l'ongle s'étend depuis le repli cutané jusqu'à la partie libre.

On appelle lunule la partie blanche qui se trouve près de la racine, et stries les sillons très fins que l'on remarque dans le sens de la longueur ; les petites taches blanches se nomment des mensonges, et scientifiquement achromie.

La croissance des ongles est plus lente au pied qu'à la main, elle est plus active au gros orteil ; il faut de quatre à six mois pour que l'ongle de cet orteil se renouvelle entièrement.

Dans la vieillesse, les ongles deviennent plus épais. A la suite de contusions ou d'arrachement, soit accidentel, soit chirurgical, l'ongle en repoussant subit une altération complète, il devient quelquefois d'une épaisseur énorme ; nous avons vu des ongles affecter des formes bizarres, quelques-uns en forme de corne, tournent sur le deuxième orteil et même jusqu'au troisième. Une autre fois, cette corne

venait en arrière de l'orteil se loger
sur la face dorsale de la première phalange. Et, enfin, une corne qui, sortant du
lit de l'ongle, se dirigeait en dessous du
gros orteil, venant s'appuyer à la naissance de la première phalange à sa face
plantaire.

Ongle rentré dans la chair.

On dit généralement chaque fois que l'on sent, au gros orteil, une sorte de gêne ou de temps en temps de petites douleurs : J'ai un ongle incarné ou bien j'ai un ongle qui s'incarne. Eh bien, cinq fois sur dix, ce n'est pas l'ongle incarné.

Premier cas. — Très souvent c'est un ongle qui, tournant brusquement sur le côté, semble, en effet, entrer dans le pli unguéal.

A l'examen (voir fig. 50), cet ongle est parfaitement uni sur le côté, depuis sa racine jusqu'à son bord libre, mais le bout de l'ongle qui le termine fait un léger sillon dans la chair ; en explorant, avec notre gouge, dans le pli cutané, la chair environnante, nous trouvons une dureté, puis

14.

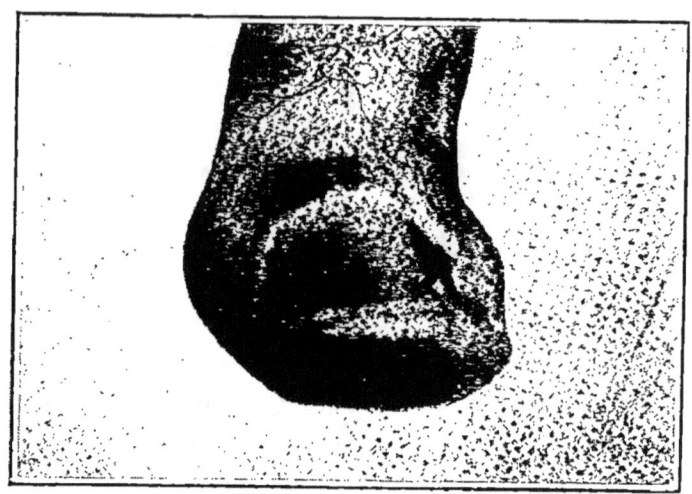

Fig. 50. — Ongle du gros orteil avec un cor dans
le pli cutané, côté gauche.

nous découvrons une pointe de cor qui
fait, par son épaisseur, gonfler la chair
et forme ainsi, sur le côté, ce que l'on
nomme bourrelet charnu.

Deuxième cas. — D'autres fois c'est
l'ongle qui, en poussant, se dirige vers le
centre du bout du pied, c'est-à-dire du
côté des orteils voisins ; ici encore nous
voyons un bourrelet sur le côté touchant
au deuxième orteil, mais ce bourrelet est

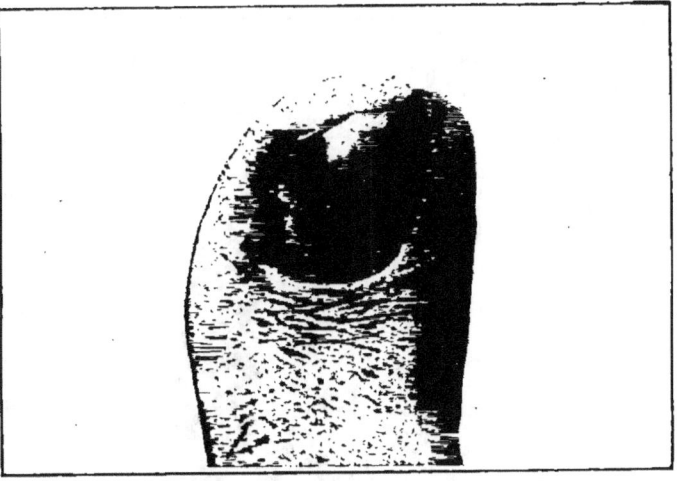

Fig. 51. — Ongle du gros orteil avec bourrelet
formé par sa pression sur le deuxième.

toujours formé par suite de la pression du
gros orteil sur son voisin, et la douleur
se sent au bout de l'orteil du même côté.

A l'examen nous trouvons le côté interne de l'ongle très uni depuis sa base
jusqu'au bord, mais la direction de ce
bord, en avant, nous fait pénétrer plus
profondément qu'à la base, et au bout de
l'ongle notre gouge est arrêtée; l'ongle
dans sa direction vicieuse s'enfonce dans
le bout extrême de l'orteil (voir fig. 51).

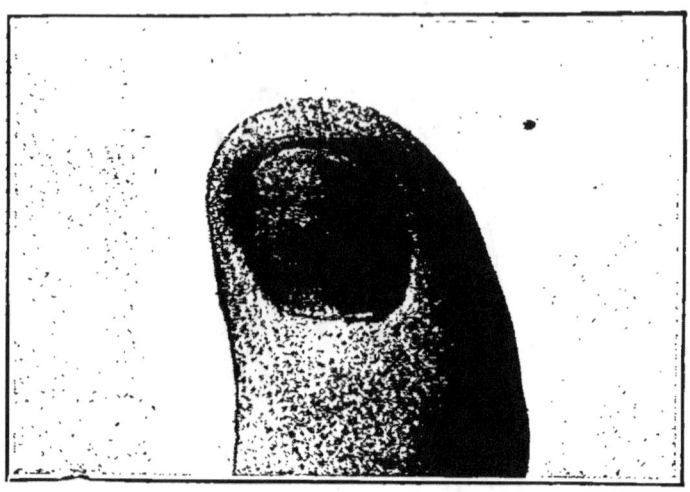

Fig. 52. — Ongle du gros orteil, forme demi-tube,
enfoncé dans la chair.

Troisième cas. — D'autres ongles, et
c'est le plus grand nombre, ne sont gênants que par leur forme bombée genre
demi-tube.

Dans ces ongles, les bords, tout en étant
unis, pénètrent dans le pli cutané perpen-
diculairement. La pression constante
d'une chaussure trop étroite ou trop
courte suffit pour faire pénétrer ces bords
dans la chair (voir fig. 52 et 53).

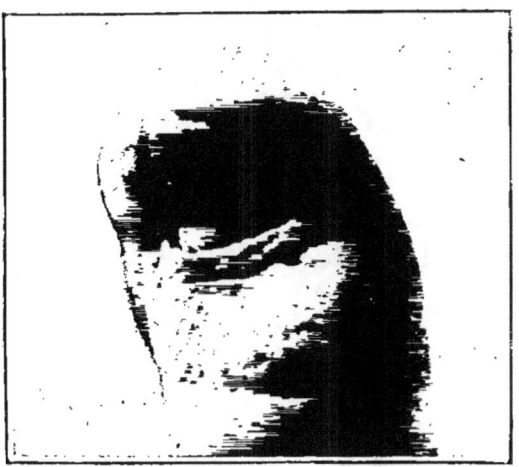

Fig. 53. — Ongle du gros orteil, forme demi-tube.
enfoncé dans la chair.

Donc, d'après ce qui précède, nous ne
devons pas considérer comme ongle
incarné ces trois différents cas, et, de
même, chaque fois que l'ongle ne sera que
peu pénétrant ; nous dirons simplement :
ongle rentré dans la chair, réservant la
dénomination d'ongle incarné pour les cas
plus graves d'orteils dont les ongles, par
suite d'une grande pénétration prolongée,
sont dans un état inflammatoire très pro-
noncé.

De l'ongle incarné (Onyxis).

L'ongle incarné a pour siège ordinaire le gros orteil et ne se rencontre que rarement aux autres orteils.

Le plus souvent c'est le côté qui touche à l'orteil voisin qui en est affecté; et assez rarement les deux côtés en même temps.

Trois causes principales sont considérées comme produisant l'ongle incarné :

1° Une mauvaise disposition de l'ongle ;

2° Une chaussure défectueuse avec un ongle prédisposé ;

3° Une mauvaise façon de se couper les ongles.

Nous entendons par une mauvaise disposition de l'ongle, tous les ongles bombés, à bords perpendiculaires pénétrants, et les ongles très courts.

Par chaussure défectueuse celle qui exerce une compression habituelle, et qui, par des chocs répétés, contribue à faire pénétrer l'ongle dans la chair.

Quant à la mauvaise façon de se couper les ongles, c'est, à notre avis, le plus souvent, la cause principale de l'ongle incarné ; aussi renvoyons-nous, pour cela, à l'article : « Toilette des ongles des orteils. »

Nous avons entendu dire par un chirurgien des hôpitaux que sur soixante-quatre cas d'ongle incarné, cinquante-neuf appartenaient à la population des hôpitaux et cinq seulement à sa clientèle particulière ; cela prouve simplement que la clientèle riche a sur l'autre l'avantage de pouvoir se faire soigner par le pédicure qui, lui toujours, empêchera l'ongle incarné de se produire.

L'ongle incarné ne naît pas spontanément, mais peu à peu, graduellement.

Après une grande marche, on sent une gêne du gros orteil, on constate sur le côté une légère rougeur qui cède bientôt après quelques jours de repos; au bout d'un certain temps la douleur s'accentue, la rougeur augmente, la peau est tendue, gonflée, et devient le siège de battements; bientôt sort du bourrelet enflammé une goutte de pus. Ensuite tout l'orteil est gonflé, sensible, et comme aplati; il sort aussitôt du bourrelet une ulcération fongueuse qui augmente rapidement; ces chairs fongueuses sont sanguinolentes et mélangées de pus.

Il est alors extrêmement sensible à la pression et le seul contact du bas ou de la chaussette provoque de vives souffrances; le port de la chaussure est impossible; aussi, pour marcher, nous avons vu des patients qui avaient enlevé le bout de la chaussure à l'endroit correspondant à l'ongle incarné.

Traitement
de l'ongle rentré dans la chair.

Comme nous venons de le voir, nous entendons par ongle rentré dans la chair tous les différents cas de pénétration sans aucune inflammation.

C'est la partie dont on doit connaître les moyens de soulagement, et ce sont ces moyens que nous allons expliquer.

Pour soigner le commencement d'on-gle incarné ou pour mieux dire l'ongle rentré dans la chair, il nous faut la lime à ongles, le coupe-ongles n° 4, la gouge n° 3.

Nous prendrons d'abord la position comme il est dit au chapitre spécial et

13

tiendrons avec la main gauche l'orteil dont l'ongle gêne (nous supposons cet ongle déjà coupé dans son bord libre) ; avec le pouce de la main gauche nous écarterons le bourrelet de l'ongle et avec la pointe de la lime, de la main droite nous chercherons la profondeur et la direction du côté vicieux de l'ongle ; lorsque nous l'aurons trouvé, nous prenons le coupe-ongles n° 4.

Ce coupe-ongles se tient comme un porte-plume (voir fig. 54), et, avec pré-caution, on l'engage dans le pli unguéal à l'endroit où, avec la pointe de la lime, nous avons trouvé le bord de l'ongle dans le pas ; on sent avec légèreté ce bord et on l'attaque avec le bout du coupe-ongles, côté coupant en dessus, en ayant bien soin de ne pas dépasser l'épaisseur de l'ongle, et ensuite par un mouvement de bascule avec la main droite, et de bas en haut, nous traçons une fine bande le long du côté de l'on-gle ; aussitôt cette bande séparée, nous prenons la gouge et avec celle-ci, en commençant par le bas et en allant vers

Fig. 54. — Manière de tenir le coupe-ongles n° 4.

le bord, nous enlevons cette bande d'ongle.

Il faut avoir soin d'attaquer le côté de
l'ongle, pour enlever la petite bande, de
manière à éviter le plus léger angle possible, c'est-à-dire en biais ; s'il en était
autrement le remède serait pire que le mal
car ce sont toujours les pointes d'ongles
situées vers la racine qui occasionnent le
véritable ongle incarné.

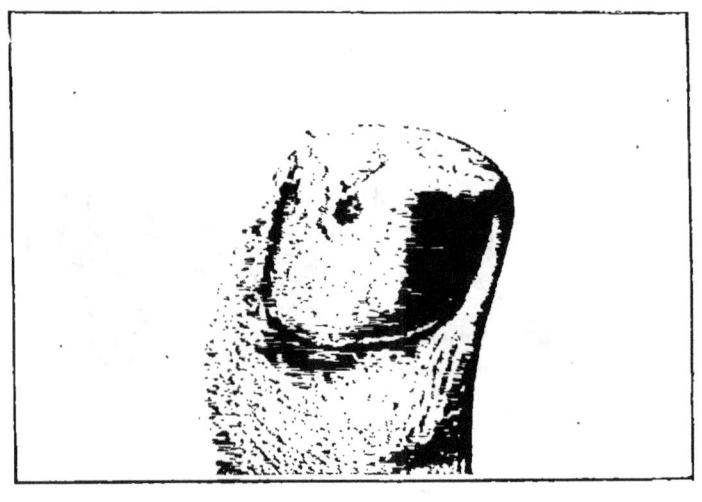

Fig. 55. — Ongle du gros orteil qui avait un cor
sous l'ongle.

Ensuite, quand il n'y a pas de cor dans
les environs du pli unguéal, on met un
peu d'ouate hydrophile entre l'ongle et
la chair pour les isoler. Pour pouvoir
placer la ouate il faut la rouler entre ses
doigts pour en faire un petit bourdonnet
et on se sert du bout de la lime pour le
rentrer sous l'ongle.

Lorsque dans le bourrelet du côté où
nous venons d'enlever une fine bande,

nous sentons une dureté, nous devons explorer l'intérieur du pli unguéal avec la gouge, et en trouvant cette dureté avec la pointe de l'instrument, on doit pouvoir l'enlever sans faire mal.

Cette dureté n'est pas autre chose qu'un cor ; nous avons expliqué ce genre de cor dans le chapitre : Des cors des ongles. Pour le cor situé sous l'ongle, on se servira des ciseaux à ongles pour couper dans l'ongle un V arrondi du bas à l'endroit du cor, puis, avec la gouge on l'enlèvera (voir la fig. 55).

Traitement de l'ongle incarné.

Le traitement de l'ongle incarné (onyxis) est beaucoup plus sérieux et plus diffi-cile, il appartient plutôt à la chirurgie. Les moyens d'arrachement de l'ongle incarné varient suivant les opérateurs; de même pour l'anesthésie locale.

L'opération terminée, grâce à l'anti-sepsie, la plaie se referme bientôt et au bout d'une dizaine de jours environ on peut commencer à marcher, on est guéri. Au bout de quelque temps un nouvel ongle repousse; il est épais, informe, irrégulier, et quelques mois plus tard les douleurs peuvent reparaître; c'est alors que se rappelant les souffrances endurées,

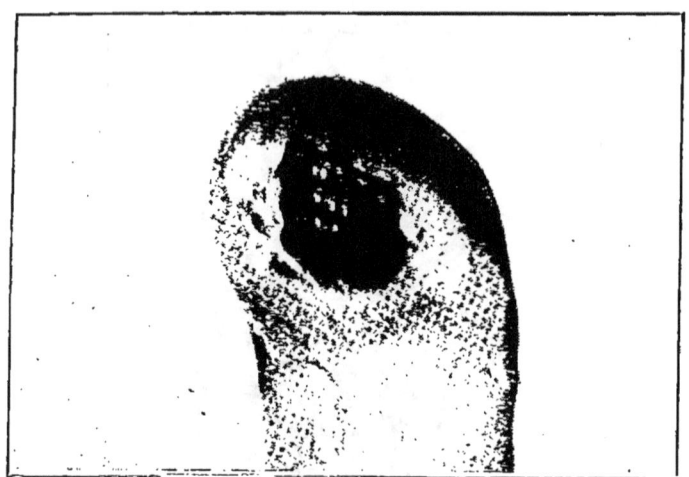

Fig. 56. — Ongle incarné (onyxis)

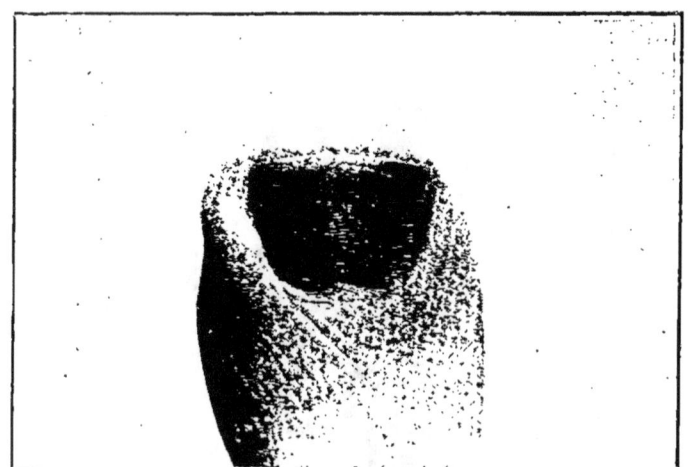

Fig. 57. — Le même ongle guéri par notre
méthode.

Fig. 58. — Autre ongle incarné

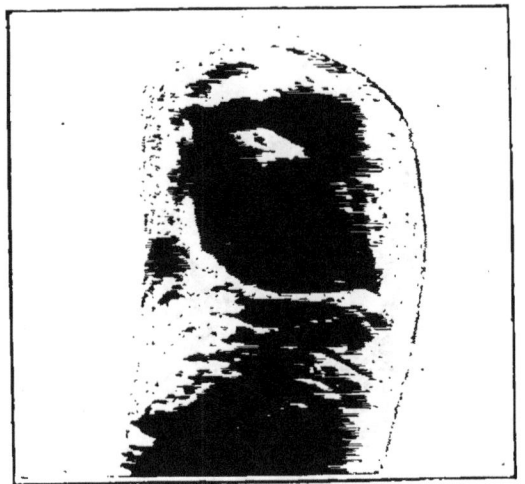

Fig. 59. — Le même ongle guéri par notre
méthode.

le patient se décide enfin à se confier au pédicure.

Pour nous qui connaissons les ongles incarnés pour en avoir vu et *guéri beau-coup*, nous devons dire ici qu'à bien peu de cas près, on ne doit jamais se laisser arracher un ongle incarné ; la médecine nous fournit les moyens de détruire les fongosités ainsi qu'une partie du bourre-let et, en même temps, combattre l'inflam-mation ; en quelques jours, sans garder la chambre, sans quitter ses occupa-tions, l'orteil se trouve dégonflé et l'ongle se découvrant nous montre la cause du mal; c'est toujours un morceau d'ongle plus ou moins gros qui se trouve dans des parties sanguinolentes. Avec précaution, très doucement, cette portion d'ongle in-carné doit être enlevée non pas par arra-chement, mais bien après avoir été dé-coupée d'une manière spéciale appro-priée. Puis aussitôt, pour combattre une récidive de croissance de fongosités, on vide le pas, on panse, et on introduit

entre l'ongle et les parties malades un
bourdonnet d'ouate hydrophile médica-
mentée. Deux ou trois jours de soins suf-
fisent ensuite pour l'entière guérison.

——— ———

Toilette des pieds.

On doit autant qu'il est possible se laver les pieds presque chaque jour; nous disons laver mais non baigner car le bain de pieds, trop souvent répété, a le grand inconvénient de les attendrir et de les rendre sensibles à la marche; après avoir lavé vos pieds, essuyez-les vigoureusement.

De temps en temps on pourra se servir de la pierre ponce pour la plante du pied et le tour du talon.

Les personnes ayant habituellement la peau des pieds moite ou un peu humide,

devront se poudrer avec de la poudre
d'amidon ou de la poudre de lycopode ;
celles qui, au contraire, ont la peau sèche,
cassante, se trouveront bien de l'enduire
avec l'axonge, la vaseline ou la lanoline.
Le bain de pieds tiède au gros sel, ou
de tilleul, procure un grand soulagement
aux pieds fatigués. Les frictions à l'alcool, à l'eau de Cologne, aux eaux de toilette sont également très bonnes.

Pendant une période de fatigue il serait
bon de prendre, une fois par semaine,
en plus du bain général, un grand bain
de pieds d'un quart d'heure environ, cela
activerait la circulation du sang et par
cela même procurerait toujours une
agréable impression de bien-être.

Toilette des ongles des orteils.

Un bon moyen de nettoyer les ongles
des pieds, qui se pratique beaucoup, consiste à employer un citron ; pour cela on
coupe le citron en deux par le travers et
on enfonce l'extrémité des orteils dans
une moitié en les y tournant et retour-
nant en tous sens ; outre que cela assou-
plit le bout des orteils c'est aussi très effi-
cace pour nettoyer la base des ongles.
Pour enlever les poussières qui se trouvent sous les ongles, on se servira de
préférence d'un instrument en ivoire ou
en bois, car le métal amincit l'ongle et le
déchausse.

16

Les ongles des orteils croissent plus ou moins rapidement, il faut les tailler souvent.

La coupe des ongles a été diversement réglée ; certaines personnes ont l'habitude de les couper en carré comme si la scie y avait passé ; d'autres les taillent en amandes ; un juste milieu est à recommander.

La coupe la plus régulièrement belle doit avoir la forme de l'arc au repos, c'est-à dire une ligne légèrement courbe ; les coins ne doivent pas former d'angles aigus mais bien un angle arrondi, contournant l'ongle et tournant brusquement vers ses côtés qui ne doivent jamais présenter d'aspérités.

C'est toujours ce dernier mode que nous employons en ayant soin de régler la légère courbe suivant la forme de l'ongle dans son ensemble ; voici, du reste, l'exposé de notre habitude de faire la toilette des ongles des pieds, à notre riche clientèle, dames du grand monde, qui nous honorent de leur confiance : après avoir coupé les ongles comme il

vient d'être dit, nous passons légèrement
la brosse à ongles humectée à l'eau de
Cologne, et, après avoir essuyé, nous
arrondissons tous les coins régularisant
ainsi en même temps leur forme et supprimant les angles aigus qui pourraient gêner.

Aussitôt les côtés et coins terminés
nous repoussons et enlevons délicatement
la petite peau formée improprement à la
base des ongles; on passe ensuite la lime à
ongles sur le bord des ongles pour adoucir.
Le limage des ongles des orteils ne doit
pas se faire en imprimant un mouvement
de va-et-vient d'un côté à l'autre, parce
que cela est très désagréable, mais bien,
autant que possible, en limant toujours
dans le même sens; après avoir essuyé à
nouveau pour enlever toutes les poussières, nous mettons avec un pinceau fin
le *vernis spécial* pour ongles ; ce vernis,
à peine très légèrement teinté rose, est
magnifique.

Au bout de cinq minutes environ il est
sec, on passe alors dessus très vivement
soit une peau de chamois très propre ou
le polissoir en peau.

Ce vernis se conserve malgré les lavages froids simples répétés, une quinzaine de jours [1].

1. **Beauteviva**, vernis rose spécial pour ongles. Parfumerie Ed. Pinaud, 18, place Vendôme, Paris. Le flacon, le pinceau et la boîte, 3 fr. Demander le catalogue.

INDEX ALPHABÉTIQUE

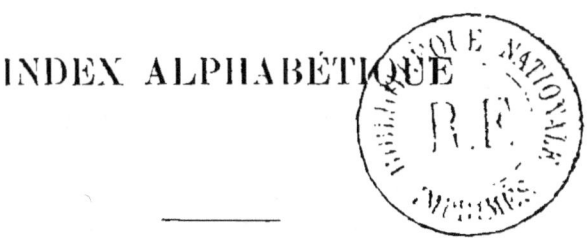

ABLATION. — Action d'enlever ou d'extraire quelque chose.

ABRASION. — Action d'enlever par grattage ; l'action intermédiaire entre l'ablation et l'abrasion est : l'excision (voir page 56).

ACHROMIE DES ONGLES. — Taches blanches (voir page 159).

ACIDE ACÉTIQUE CRISTALLISÉ. — Acide préparé pharmaceutiquement ; employé autrefois contre les cors et durillons.

ACIDE AZOTIQUE OU NITRIQUE. — Acide liquide, blanc, extrait du salpêtre, très caustique, dangereux.

16.

ACIDE CITRIQUE. — Acide obtenu avec le citron; doit s'employer avec prudence.

ACIDE SALICYLIQUE. — Se présente sous la forme d'une poudre d'un blanc jaunâtre; on l'emploie contre les cors et durillons, en l'associant, en faible quantité, au collodion.

ADJUVANT. — Ce qu'on fait entrer dans une formule pour seconder l'action d'un médicament considéré comme plus essentiel.

AFFAISSEMENT DU PIED. — État des parties qui cessent d'être tendues, résistantes (voir pied plat, page 131).

AGACEMENT DES NERFS DU PIED. — Toute perception pénible à l'occasion des impressions fortes, irrégulières ou anormales.

AGARIC DE CHÊNE. — Sert à arrêter les hémorragies légères, sous le nom, plus connu, d'amadou.

AGGLUTINATIF. — Qui adhère fortement à la peau.

AINHUM. — Maladie du pied, spéciale à la race nègre, caractérisée par la perte du petit orteil.

ALCOOL RECTIFIÉ A 90°. — Alcool préparé pharmaceutiquement pour être employé dans des formules de coricides.

ALUN CALCINÉ EN POUDRE. — S'emploie contre la transpiration des pieds (voir ce chapitre).

AMIDON. — La poudre s'emploie contre les eczémas du pied et pour sécher la transpiration.

ANATOMIE DU PIED. — Science qui a pour but la connaissance de la constitution du pied.

ANESTHÉSIE LOCALE. — Privation partielle de sensation et de sensibilité ; elle existe spontanément, et on peut la provoquer artificiellement.

APPAREILS. — Instruments servant à remédier aux difformités (voir Oignon et Orthopédie).

ARTÈRE. — Conduits destinés à porter le sang, du cœur à tous les organes (v. Anatomie du pied).

ARTICULATION. — Jointure des os, union avec mobilité des parties unies.

ASEPSIE CHIRURGICALE. — Consiste en une propreté minutieuse, non seulement de la partie à opérer, mais aussi des mains et des instruments de l'opérateur.

ASPÉRITÉ. — Petite saillie rendue rugueuse par épaississement.

ASTRAGALE. — Os court du pied, l'un des sept os du tarse.

AVANT-PIED. — Le métatarse.

AXONGE. — La graisse de porc préparée pharmaceutiquement.

BADIGEONNAGE. — Action d'étendre un médicament quelconque.

BAS GIRARDOT. — Bas spécial (v. fig. 34, p. 106).

BICUSPIDE. — Cor avec deux pointes.

BOURRELET UNGUÉAL. — Renflement demi-cylindrique de la peau, au point où commence la base de l'ongle, sur le côté, jusqu'au bout de l'orteil.

BRULER LES CORS. — Il y a deux moyens : les coricides et l'électricité (ces deux moyens sont dangereux).

CALCANÉUM. — Os court, le plus gros os du pied, forme le talon.

CALLOSITÉ. — Epaississement de l'épiderme.

CAUSTIQUE. — Qui désorganise les tissus vivants ; qui brûle.

CHEVILLE. — S'appelle en médecine : Malléole.

CINQUIÈME ORTEIL. — Petit orteil.

COLLODION. — Solution de coton poudre dans un mélange d'alcool et d'éther ; employé dans beaucoup de coricides.

CORNE. — On appelle ainsi les ongles des pieds qui deviennent énormes.

CORROSIF. — Qui détruit, qui désorganise lentement les tissus vivants.

COTON. — Le coton cardé réuni en couches s'appelle la ouate.

COUPURE. — Plaie simple par instrument tranchant. On ne doit jamais faire de coupure en se coupant les cors ; si elle est légère, il suffit de laver avec une eau antiseptique ou l'eau de Cologne, et maintenir les bords rapprochés, on entoure ensuite avec la ouate hydrophile. Si la coupure est importante, il faut rabattre le morceau coupé, le maintenir et demander le médecin.

COUPE-CORS. — Instrument spécial pour couper les cors ; il y en a de plusieurs tailles et de différentes formes.

COUPE-ONGLES. — Instrument spécial pour découper le côté des ongles incarnés.

COURONNE. — Un cor est en couronne lorsque les bords seuls sont indurés.

CRAMPE. — Contraction musculaire anormale. Il peut nous arriver d'avoir une crampe en coupant nos cors ; dans ce cas, il faut immédiatement allonger le membre atteint, ne reprendre qu'après la fin de la crampe et aussi changer un peu la position.

CREVASSE. — Petites fentes longitudinales plus ou moins douloureuses, qui se forment par suite d'engelures. Les crevasses disparaissent généralement dès qu'on les soustrait à l'action du froid. On les guérit aussi à l'aide d'onctions avec l'huile d'amande douce ou un corps gras adoucissant.

CROISSANCE DES CORS. — Développement progressif du cors ; il croît, s'augmente peu à peu, par le frottement et par la pression (voir causes habituelles, chapitre du cor).

CUBOÏDE. — Os du pied en forme de cube, situé à la partie antérieure et supérieure du tarse.

CUNÉIFORMES. — Os en forme de coin. Dans le pied il y en a trois : le premier, deuxième et troisième cunéiformes ; ils forment une partie de la base du cou-de-pied.

CUTANÉ. — Qui se rapporte à la peau.

DERME. — Tissu qui constitue la couche profonde sous la peau.

DOIGTS DE PIEDS. — Orteils.

DOUCEUR DE MAIN. — Il faut s'habituer à se
tenir le pied d'une façon délicate, bien tenir
sans serrer, éviter que les ongles de la main
touchent ; pour exciser on coupe à plat, sans
appuyer ni forcer ; si une partie de cor vous
semble dure à couper, ne la coupez que par
parcelles jusqu'au bout, et vous aurez la
douceur de main.

DOULEUR DU COR. — Sensation de souffrance
interne qui passe, en élancement, au travers
du cor par sa racine ; elle s'arrête, et peut
reprendre peu après. Les personnes atteintes
disent que si cet élancement persistait, elles
tomberaient en défaillance. Cette douleur
peut aussi être produite par l'œil-de-perdrix.

DIPLÔME. — Il n'existe, pour les pédicures,
aucun diplôme reconnu par l'État.

ÉLANCEMENT. — Douleur vive, poignante, et qui
se produit comme par secousses : Les cors et
les œils-de-perdrix, causent des élancements
insupportables.

EMPIRIQUE. — Pour se soigner les pieds, il faut
se méfier des moyens empiriques qui éma-
nent, presque toujours, des charlatans.

ÉPIDERME. — Notre peau.

EXOSTOSE SOUS-UNGUÉALE. — Petite tumeur
située sur l'os de la phalangette, et qui, en
grossissant, soulève l'ongle. Le cas moins
grave est le cor sous l'ongle (voir : Des cors
des ongles, page 20).

EXPÉRIENCE. — Connaissance qui s'acquiert par la seule observation, répétée, du même objet.

FONGOSITÉ. — Tissu cellulaire ayant la constitution embryonnaire, plus ou moins mou, rouge ou rougeâtre, saignant facilement, situé autour des ongles incarnés.

FORMULE. — Énumération des substances qui doivent entrer dans un médicament composé, ou un coricide, avec indication de la dose de chacune d'elles.

FOURMILLEMENT. — Sensation de picotement comme si des fourmis couraient sur la peau ; ou toute sensation de démangeaison analogue.

GERÇURE. — Fente de l'épiderme et de la partie superficielle du derme, saignante ou non, à la suite d'engelures. La plupart des gerçures sont très bénignes ; elles peuvent être traitées par l'eau boriquée ou par des onctions de vaseline ou de glycérine neutre.

GERME. — On a dit quelquefois le germe d'un cor ; il vaut mieux dire la pointe d'un cor. Ici le mot germe n'implique pas l'existence d'une partie ayant un pouvoir organique, mais simplement les parties plus épaisses et plus enfoncées du cor.

GRIFFE. — Si on laissait croître ses ongles de pieds indéfiniment, ils prendraient, peu à peu, une forme se rapprochant des griffes de certains animaux.

IRRITANT. — Souvent un coricide est irritant, c'est-à-dire qu'il irrite la partie sur laquelle il est placé; s'il y a douleur continue il faut enlever ce coricide car il pourrait amener de l'inflammation.

ISOLATEUR. — Ce que l'on met sur un cor pour l'isoler de la chaussure, comme la ouate, le collodion, l'emplâtre de savon, etc.

JOINTURE. — Employé pour articulation.

JOUBARBE. — Plante grasse genre des Crassulacées, employée autrefois contre les cors.

LANCINANTE. — Douleur avec élancements correspondant à des coups de couteau, — terme de comparaison pour les douleurs que provoquent certains œils-de-perdrix.

LIME. — Il ne faut jamais limer un cor, outre que cela est très douloureux et insupportable, c'est aussi très dangereux, parce que l'on peut limer l'épiderme et faire ainsi une très mauvaise blessure.

LIT DE L'ONGLE. — La portion du derme sous-unguéal qui est sous le corps de l'ongle.

LONGÉVITÉ. — Avoir les ongles durs c'est signe de longévité.

LUNULE. — Partie blanche qui se trouve à la base de l'ongle.

LYCOPODE. — La poudre de lycopode est une poudre jaune clair, très légère et onctueuse au toucher; elle remplace avantageusement la poudre d'amidon pour les personnes qui transpirent des pieds.

17

Malléoles. — Les deux parties saillantes osseuses dites communément : chevilles du pied.

Marche. — L'un des principaux modes de progression de l'homme. La marche s'exécute par une série de pas, chaque pas est une chute du corps en avant arrêtée par le mouvement de la jambe en ce sens ; chacun entraîne une oscillation du corps à droite et à gauche. A mesure qu'on élève le talon, la marche se ralentit ; si on allonge la semelle, on allonge aussi le pas et on accélère la marche. Le rythme a une influence marquée sur la marche. La marche des gens qui souffrent des pieds est dépourvue d'élégance, et prête à la compassion.

Marteau. — Orteil en marteau (voir : Du mal dorsal des orteils, page 23).

Matrice unguéale. — La partie qui recouvre la racine de l'ongle.

Métatarse. — La réunion des cinq os longs appelés métatarsiens.

Méthode pour enlever les cors. — Il y en a cinq. La première est la bonne méthode, c'est : l'excision (voir page 56). 2° L'ablation qui consiste à décoller peu à peu le cor et à l'enlever d'un seul coup ; moyen dangereux (voir page 64). 3° L'abrasion, qui se fait avec des bâtons en ivoire ; moyen peu pratique pour les cors sensibles (voir page 64). 4° Le brûlement électrique, moyen mauvais et douloureux (voir page 66). 5° Le coricide (voir page 73).

MOITEUR. — Sueur formant humidité sur l'épiderme (voir : Transpiration des pieds, page 140).

MORTIFICATION. — État des parties frappées de mort; les chairs mortes, durillons, etc.

MULES. — Nom des engelures siégeant au talon.

MUSCLES. — Nom des organes composés de tissu musculaire et contractile; ils sont très nombreux dans le pied.

NERFS. — Organe, composé de fibres nerveuses, de tubes nerveux et d'une paroi ayant la forme de cordon.

ONGUÉAL. — Il vaut mieux dire : unguéal, en ce qui concerne le pied.

OUATE. — Coton blanc cardé et réuni en couches formant feuilles. On dit plutôt : de la ouate, un pansement d'ouate, une couche d'ouate; la ouate, les ouates. La ouate se divise en trois sortes :

La ouate commune ;

La ouate fine ;

La ouate pour pansements ou hydrophile.

PALMÉ. — Nous avons, quelquefois, rencontré des orteils réunis par une membrane, qui, partant de la base de l'orteil, montait presque jusqu'aux extrémités ; nous n'avons observé cette membrane qu'entre les deuxième et troisième orteils, jamais entre les autres. Cette bizarrerie ne gêne pas la marche.

PEAU. — L'épiderme.

PÉDICURE. — Personne qui a soin des pieds, de leurs affections ; qui s'occupe spécialement des pieds.

Qui traite les maladies des pieds.

PELLICULE. — Mince lamelle épidermique ; c'est la base de la méthode ; excision.

Le nombre de pellicules qu'on enlève, pour un cor, par cette méthode, est considérable.

PERCHLORURE DE FER. — Liquide hémostatique ; on l'emploie aussi dans certains cas d'ongle incarné.

POINTE DE COR. — Pointe d'œil-de-perdrix. Le mot pointe désigne bien la partie resserrée, qui se développe en s'enfonçant dans le derme ; c'est elle qui cause principalement la douleur.

PONCE. — La pierre ponce s'emploie beaucoup pour la toilette des pieds, principalement pour le tour du talon et certains endroits durs de la plante du pied.

PRESSION. — La pression d'une chaussure ne devrait pas exister, car c'est cette pression qui est la principale cause des maux de pieds.

PROCÉDÉ. — La manière suivant laquelle on opère ; notre procédé est : l'excision.

PRODUCTION CORNÉE. — La formation par l'organisme ou par une de ses parties, d'un épaississement de l'épiderme.

PURULENT. — Qui est de la nature du pus.

PUS. — Liquide jaunâtre, opaque ; on le rencontre sous des cors et œils-de-perdix négligés, et autour de certains ongles incarnés.

RABOT. — Nous avons vu des petits instruments appelés : rabots pour les cors ; ils ont été achetés par curiosité, mais ils n'ont pu servir pour l'usage indiqué.

RACINE DU COR. — Il est préférable de dire : pointe du cor.

REMÈDE. — Le meilleur remède pour les cors, œils-de-perdrix, durillons-cors, etc., est, à notre avis : l'excision, parce que le soulagement est sûr et immédiat.

RÉSECTION D'UN ONGLE. — Intervention chirurgicale qui a pour but d'enlever l'ongle.

RESPONSABILITÉ DU PÉDICURE. — Le pédicure est responsable envers ses clients dans l'exercice de son art ; mais, s'il joint à de l'adresse une attention soutenue, et qu'il agit doucement, il n'aura jamais à encourir de responsabilité.

ROUGEUR. — L'un des phénomènes constants de l'inflammation.

RUGOSITÉ. — Etat produit par le cor sur une partie lisse.

Saignement. — (Voir : Coupure, page 188).

Saphène. — Veine du pied, sur le côté externe.

Scaphoïde — Os du cou-de-pied.

Secret professionnel. — Les médecins, pharmaciens, dentistes, pédicures, etc., dépositaires des secrets qu'on leur confie, sont punis d'un emprisonnement d'un mois à six mois et d'une amende de cent à cinq cents francs, s'ils les divulguent.

Sensation. — Souvent on nous a dit, une fois notre travail fini, que l'on éprouvait une sensation de bien-être, ou une sensation agréable.

Sensibilité. — La sensibilité du pied vient, soit du contact de la chaussure, soit d'une cause quelconque localisée dans un endroit particulier. Le premier soin consiste à savoir ce qui cause cette sensibilité ; si c'est la chaussure, il faut la supprimer ; si c'est un commencement de cor il faut l'exciser.

Sensibles. — Avec notre méthode il n'y a pas de personnes sensibles, car on ne sent jamais rien.

Sous-unguéal. — Sous l'ongle.

Spatule. — Instrument dont l'extrémité est ronde.

Stries. — Nom que l'on donne aux petits sillons parallèles remarqués dans le sens de la longueur de l'ongle.

SUPPURATION. — Production de sérosité. Les cors et les œils-de-perdrix enflammés ainsi que les ongles incarnés suppurent.

TAFFETAS MÉDICAMENTEUX. — Taffetas dont l'une des faces, destinée à être appliquée sur la peau, a été enduite d'une composition médicamenteuse. Pour fixer les pansements nous recommandons : le taffetas fixateur des hôpitaux n° 1 (voir ci-dessous) [1].

TALC. — Silico-aluminate de magnésie, réduit en poudre fine, onctueux au toucher ; poudre employée contre la transpiration des pieds.

TENDON D'ACHILLE. — Organe composé de fibres tendineuses constituant un puissant faisceau que l'on sent, au toucher, derrière le talon.

TÉTANOS. — Affection nerveuse, grave, consécutive à quelque blessure ; elle débute, généralement, par une gêne épigastrique, une douleur pharyngienne, de la gêne de déglutition, puis, sensation de froid, et enfin tous les muscles se tendent et se contractent. C'est une affection presque tou-

1. Pour se procurer le taffetas fixateur des hôpitaux n° 1, le demander à son pharmacien en lui disant qu'il est préparé par la maison : Desnoix et Debuchy.

jours mortelle. On nous a cité des cas de personnes mortes du tétanos à la suite d'une blessure de cor.

THERMOCAUTÈRE CONTRE LES CORS. — Instrument fondé sur la propriété du courant galvanique de porter au rouge les circuits métalliques qu'il traverse ; on se sert d'une pile formée d'éléments associés. Le cautère est formé d'un fil de platine placé dans un manche en bois, où viennent aboutir les extrémités des rhéophores de la pile. Quand le circuit est formé, le fil de platine rougit, et on le porte, à l'aide du manche, sur le cor à opérer (voir page 64).

TOPIQUE. — Médicament qu'on applique à l'extérieur. Le coricide est un topique.

TRAITEMENT CURATIF. — Celui qui, par l'usage de médicaments externes, est institué en vue d'arriver à la guérison ; comme le traitement des verrues de pied et celui des ongles incarnés.

TRAITEMENT PALLIATIF. — Celui qui est fait au moyen de la méthode de l'excision, qui a pour but de faire disparaître, pour un temps plus ou moins long, la gêne, la sensibilité ou la douleur.

TRICUSPIDE. — Cor ayant trois pointes.

TYLOMA. — Nom scientifique du cor.

VERMICULE. — Cor dont la partie dure, pénétrante, est irrégulièrement placée en tous sens.

TABLE DES MATIÈRES

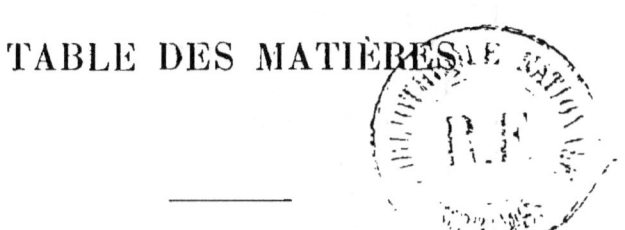

18

TABLE DES FIGURES

ÉVREUX, IMPRIMERIE CH. HÉRISSEY, PAUL HÉRISSEY, SUᵉ